移动通信理论与实践普及读本

中国铁通集团有限公司　编

中 国 铁 道 出 版 社

2015・北 京

内容简介

　　本书全面、系统地阐述了移动通信理论与实践的有关知识,主要包括基础知识、网络架构以及运营维护等内容;采用问答的形式,通俗易懂,图文并茂。

　　本书可作为移动通信技术人员的学习用书。

图书在版编目(CIP)数据

　　移动通信理论与实践普及读本/中国铁通集团有限公司编.—北京:中国铁道出版社,2014.6(2015.2重印)

　　ISBN 978-7-113-18633-3

　　Ⅰ.①移… Ⅱ.①中… Ⅲ.①移动通信—普及读物 Ⅳ.①TN929.5-49

　　中国版本图书馆 CIP 数据核字(2014)第 108213 号

书　　　名:移动通信理论与实践普及读本
作　　　者:中国铁通集团有限公司

责任编辑:崔忠文　亢嘉豪　徐　清　李嘉懿 编辑部电话:(市)010-51873146
电子信箱:dianwu@vip.sina.com

封面设计:王镜夷
责任校对:龚长江
责任印制:陆　宁　高春晓

出版发行:中国铁道出版社 (100054,北京市西城区右安门西街 8 号)
网　　　址:http://www.tdpress.com
印　　　刷:北京鑫正大印刷有限公司
版　　　次:2014 年 6 月第 1 版　2015 年 2 月第 2 次印刷
开　　　本:880 mm×1 230 mm　1/32　印张:4.625　字数:130 千
书　　　号:ISBN 978-7-113-18633-3
定　　　价:12.00 元

《移动通信理论与实践普及读本》
编 委 会

序　言

通信技术是当今生产力最为活跃的因素。回首以 GSM 和 TD-SCDMA 为代表的通信产业的昨天，面对以 TD-LTE 和 WLAN 为标志的今天，展望下一代通信技术发展的明天，业内的每次重大进步和深刻变革，都为行业发展注入了新的活力和动力，带来了新的机遇和挑战，推动着社会通信服务水平不断提高。

铁通公司经过十余年的发展和市场竞争的洗礼，广大干部员工练就了一身过硬本领，理论素养显著增强，技术水平明显提高，工作作风求真务实，但我们也清醒地认识到，目前公司员工队伍的整体素质与集团全业务经营的要求仍有差距。

为适应公司战略转型需要，深化与移动协同发展，在突出自有特色和自身优势的同时，补强无线专业知识，提高整体技术素质，为公司效益、特色、持续发展提供强有力人力资源保障，公司组织有关内部专家，并邀请了北京交通大学电子信息工程学院以及华为公司富有教学经验的教授和技术人员，共同编写了《移动通信理论与实践普及读本》，力求帮助大家全面了解移动通信的基础知识，系统学习主要移动通信系统的网络架构，熟练掌握网络运营和维护的基本流程。在此，我谨代表公司对编写组成员和各位专家付出的辛勤劳动表示衷心的感谢!

　　我们靠拼搏和奉献成就了昨天,也必将用双手和智慧创造明天。我们相信,数万铁通人一定能够把握机遇、迎接挑战、顽强拼搏,锐意进取,无愧于历史的选择,不辜负时代的重托,充分发挥优势和特长,为中国移动全业务的运营和发展做出新的贡献。

中国铁通集团有限公司　董事长、党委书记

二○一四年四月二十九日

目　　录

第一部分　基础知识篇

一、基本知识

1. 什么是通信？什么是无线通信？什么是移动通信？

通信（Communication）是指信息在空间上的传输与交换。在各种各样的通信方式中，利用"电"来传递消息的通信方法称为电信（Telecommunication）。

无线通信（Wireless Communication）是利用电磁波信号可以在自由空间中传播的特性进行信息交换的一种通信方式。

移动通信（Mobile Communication）是移动体之间的通信，或移动体与固定体之间的通信，是无线通信的一种。

2. 什么是电磁波？电磁波有哪些参数？

电磁波是在空间传播的周期性变化的电磁场。在传播过程中，电场和磁场相互转换，其振动的方向相互垂直，且都垂直于两波传播的方向。如图 1-1 所示。

一般用频率（波长）、幅度和相位来描述电磁波。速度/频率称为波长。

电磁波的频率单位是赫兹（Hz），1 Hz 表示 1 s 周期性变一次。常用频率单位还包括 kHz、MHz、GHz，其换算关系为 1 000 Hz＝1 kHz，1 000 kHz＝1 MHz，1 000 MHz＝1 GHz。频率的倒数为周期 T。电磁波在自由空间传播的速度是光速 $c＝3×10^8$ m/s，其波长 $λ＝c·T$。如 GSM 采用的 900 MHz 频段，其波长就是 0.333 m，而 1.8 GHz 的就是 0.33/2＝0.167 m。

一般用电场强度表示电磁波的强度，即场强（E），其单位为 V/m。

另一个表示信号大小的量是信号功率，单位为瓦（W）、毫瓦（mW），且 1 W＝1 000 mW。

　　在工程上常用 dBm 表示功率的绝对值,计算方法是:$10\lg(P/1\ \text{mW})$。例如:发射功率 2 W,用 dBm 表示就是 $10\lg(2\ \text{W}/1\ \text{mW})=33\ \text{dBm}$。

　　功率的相对比值则用 dB 表示。例如:计算甲功率比乙功率大多少倍时,$10\lg(\text{甲功率 W}/\text{乙功率 W})=10\lg(\text{甲功率 W}/1\ \text{mW})-10\lg(\text{乙功率 W}/1\ \text{mW})$。如无线信号进电梯前是 -68 dBm,进电梯后变为 -93 dBm,电梯的穿透损耗是 25 dB。需要特别强调的是,这两个 dBm 的差值是 dB。

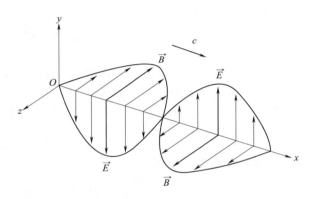

图 1-1　电磁波

3. 无线通信的频率资源为什么短缺?

　　无线通信是利用电磁波传输的,可利用的频率范围为 3 kHz～300 GHz,对应波长范围 10^5 m～1 mm。不同频率的电磁波传播特性不同,适用的无线通信环境也不同。具体而言,特别低的频段适合水中传输,如军事通信中的声呐使用 10～30 kHz 的电磁波;30 MHz～3 GHz 的电磁波则适合空中传输;而更高的频率适合深空探测。这些有限资源会按其特性指派给不同领域使用,如我国 AM 调幅广播用 550 kHz～1 605 kHz,FM 调频广播用 88～108 MHz,GSM 用 900 MHz 和 1.8 GHz 附近,3G 用 2.3 GHz 附近,卫星通信则在 1～40 GHz,如图 1-2 所示。我们常说发放牌照,就是指政府给运营商指定频率资源,可以有规模地开展业务了。

无线通信的距离、方式、质量等要素都与信号的频率有关。可以利用的频率有限,而使用的领域之多,因此造成了可用的频率资源比较短缺。

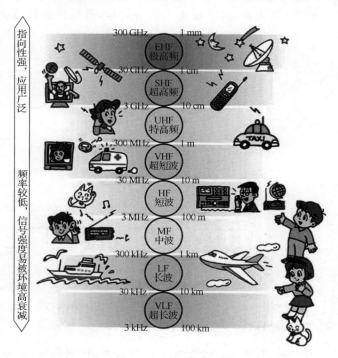

图 1-2 频谱划分

4. 什么是模拟通信?什么是数字通信?

模拟通信(Analog Communication),是一种以模拟信号承载信息的通信方式。模拟信号是连续的,如图 1-3(a)所示。例如:对于模拟调幅信号来说,承载信息的信号其在时间和幅度上均是连续的。模拟通信方式相对简单,对噪声的鲁棒性也差。中波调幅广播就是模拟通信方式。

数字通信(Digital Communication),是用离散的数字信号承载信息,如图 1-3(b)所示。也以调幅为例:在数字信号中,时间是离散的,幅度是分段的,不同的段的幅值对应不同的数字信号,如"1"用幅度"A"信号表示,"0"用幅度"0"

信号表示。"1"、"0"的速率用比特/秒（bit/s）表示，1 000 bit/s＝1 kbit/s，1 000 kbit/s＝1 Mbit/s。在 GSM 系统，空中传输速率是 270.083 kbit/s。

将模拟信号（如话音）采样量化为数字信号，是模拟通信迈向数字通信的第一步。

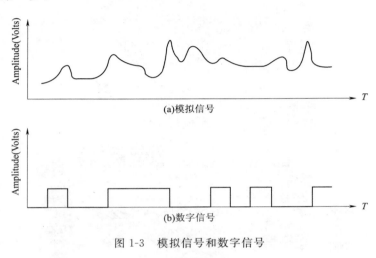

图 1-3　模拟信号和数字信号

5. 通信的有效性、可靠性、安全性是什么含义？

通信的有效性，是指占用尽可能少的信道资源（如频带、时隙和功率）传送尽可能多的信源信息，它是通信的数量指标。模拟通信常以一路信号所占频带带宽表示，如调幅广播一路占 10 kHz，调频广播一路占 180 kHz，调幅的有效性高于调频；数字通信常以传输的比特率和信号所占频带带宽的比值表示，如 GSM 系统，空中传输速率是 270.083 kbit/s，频带带宽 200 kHz，效率为 1.34 bit/s/Hz。

通信的可靠性，主要是指在传输中抵抗各类客观噪声和自然干扰的能力，但是在军事通信中也包括电子对抗，即抵抗人为设置干扰的能力，它是通信的质量指标。模拟通信常以接收端的最终输出信号噪声功率比（或 Signal Noise Ratio，SNR，简称信噪比 S/N）衡量，模拟调频系统的输出信噪比大于模拟调幅系统，故调频的可靠性比调幅系统好；数字通信常以误码率(BER)表示,指在传输过程中发生误码的码元个数与传输的总码元数之比。GSM 要求话音质量为 1 级时,空中传输的误码率为 $2\times 10^{-3} \sim 4\times 10^{-3}$。

通信的安全性主要是指在传输中的安全保密性能,即收端防窃听、发端防伪造和篡改的能力等。

6. 为什么要构建蜂窝移动通信系统?

20 世纪 70 年代中期,随着民用移动通信用户数量的增加,业务范围的扩大,有限的频谱供给与可用频道数要求递增之间的矛盾日益尖锐。为了解决移动通信系统频谱匮乏、容量小、服务质量差等的问题,更有效地利用有限的频谱资源,美国贝尔实验室提出了在移动通信发展史上具有里程碑意义的小区制、蜂窝组网的理论——在相邻的小区使用不同的频率,在相距较远的小区就采用相同的频率,这样通过分割地理区域的方式,既有效地避免了频率冲突,又可让同一频率多次使用,节省了频率资源。如图 1-4 所示为蜂窝系统示意图。

蜂窝组网理论的思想主要有三个方面:

(1)蜂窝小区制划分和小功率发射;

(2)多频道共用与越区切换;

(3)频率复用。

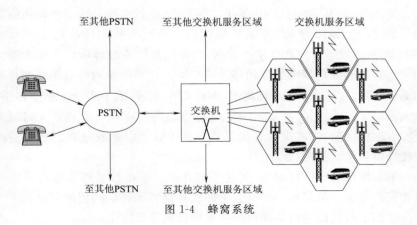

图 1-4　蜂窝系统

7. 移动通信系统的发展过程是怎样的?

从点对点的简单对讲机发展到蜂窝移动通信系统大致经历了五个发展阶段。

第一阶段:从 20 世纪 20 年代至 40 年代,为早期发展阶段。在这期间,首先在短波几个频段上开发出专用移动通信实验室,其代表是美国底特律市警察使用的车载无线电系统。该系统工作频率为 2 MHz,到 20 世纪 40 年代提高到 30～40 MHz,这一阶段的特点是专用系统开发,工作频率较低。

第二阶段:从 20 世纪 40 年代中期至 60 年代初期。在此期间内,公用移动通信业务开始问世。1946 年,根据美国联邦通信委员会(FCC)的计划,贝尔系统在圣路易斯城建立了世界上第一个公用汽车电话网,随后西德(1950 年)、法国(1956 年)、英国(1959 年)等国相继研制了公用移动电话系统。这一阶段的特点是从专用移动网向公用移动网过渡,接续方式为人工,网的容量较小。

第三阶段:从 20 世纪 60 年代中期至 70 年代中期。在此期间,美国推出了改进型移动电话系统(IMTS),使用 150 MHz 和 450 MHz 频段,采用大区制、中小容量,实现了无线频道自动选择并能够自动接续到公用电话网。

第四阶段:从 20 世纪 70 年代中期至 80 年代中期。这是移动通信蓬勃发展时期。1978 年底,美国贝尔试验室研制成功先进移动电话系统(AMPS),建成了蜂窝状移动通信网,大大提高了系统容量。其他工业化国家也相继开发出蜂窝式公用移动通信网。这一阶段的特点是蜂窝状移动通信网成为实用系统。蜂窝网,即所谓小区制,由于实现了频率再用,大大提高了系统容量,真正解决了公用移动通信系统要求容量大与频率资源有限的矛盾,并在世界各地迅速发展。这个时期就是我们所说的第一代蜂窝移动通信网(1G)。

第五阶段:从 20 世纪 80 年代中期开始。这是数字移动通信系统发展和成熟时期。第二代、第三代、第四代蜂窝移动通信网相继问世。

这四个时代的蜂窝移动通信网发展的轨迹如图 1-5 所示。

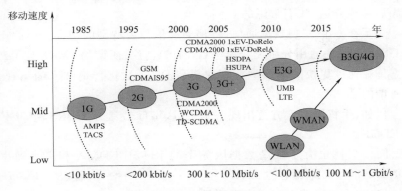

图 1-5　移动通信的发展

（1）第一代移动通信系统——1G

第一代移动通信系统是模拟系统，采用的接入技术是频分多址（FD-MA）技术，其典型系统，如美国的先进模拟电话系统（AMPS）、北欧的移动电话（NMT）系统、英国的全接入通信系统（TACS）等。

1G 的各种蜂窝网系统有很多相似之处，但是也有很大差异，它们只能提供基本的语音会话业务，并且保密性差，容易并机盗打，它们之间还互不兼容，移动用户无法在各种系统之间实现漫游。

我国于 1987 年 11 月 18 日在广州建成并开通了第一个 TACS 模拟蜂窝移动电话公众网，2001 年 12 月 31 日中国移动通信关闭 TACS 模拟移动电话网。

（2）第二代移动通信系统——2G

第二代移动通信系统是窄带数字系统，采用的接入技术主要有时分多址（TDMA）技术和码分多址（CDMA）技术两种。其典型系统，如欧洲的全球移动通信系统 GSM、北美的数字增强型系统 D-AMPS、IS-95A CDMA、日本的个人数字蜂窝（PDC）系统等。

2G 的重要特点就是引进了短信业务，使得移动通信工具由单一的语音通话进化到既可以语音通话，也可以传送文字信息。

1994 年 12 月底广东首先开通了 GSM 数字移动电话网（我们常说的 G 网）。1997 年底，北京、上海、西安、广州 4 个 IS-95A CDMA 商用实验网先后建成开通(我们常说的 C 网)。

为了在 G 网实现数据通信,将移动通信与因特网的结合。由此产生了 GSM 系统的通用分组无线服务(GPRS),就是所谓的 2.5G,比 GPRS 数据传输速度更快的增强型数据速率(EDGE)数据传输技术的出现,就是所谓的 2.75G。

比如,手机屏幕上方会出现一个字母,字母 G 表示 GPRS,字母 E 表示 EDGE。

同样 C 网也有了提高数据服务率的 IS-95B CDMA 和更高速率的 CDMA2000 1x,即所谓的 2.5G。

比如,手机屏幕上方会出现字母 1x,表示 CDMA2000 1x 信号。

与 1G 相比,2G(包括 2.5G、2.75G)不仅提高了频谱利用率,改善了语音通话质量,提高了保密性,提供了低于 2 Mbit/s 数据业务,而且也为移动用户提供了无缝的国际漫游。

(3)第三代移动通信系统——3G

第三代移动通信系统在 2000 年 5 月确定,包括欧洲、日本的 W-CDMA,美国的 CDMA2000,我国的 TD-SCDMA 以及 WiMAX 四大主流无线接口标准,写入 3G 技术指导性文件《2000 年国际移动通讯计划》(简称 IMT-2000)。

WCDMA 的演进方向是高速下行分组接入(HSDPA)和高速上行链路分组接入(HSUPA),HSDPA 和 HSUPA 合称为 HSPA+,之后演进的还有 HSPA++。手机的浏览器下载网页时,屏幕上方会出现一个字母 H 则表示 3G 所采用的 HSDPA 技术。中国联通 3G 标准采用的就是 WCDMA,于 2009 年"5·17"国际电信日正式开通。

CDMA2000 的演进的第一阶段叫 CDMA2000 1xEV-DO(Evolution(演进)、Data Only),并已商用,即真正意义上的 3G。第二阶段叫 CDMA20001xEV-DV(Evolution(演进)、Data and Voice)。CDMA20001x 要演进到 CDMA20003x。CDMA20003x 与 CDMA20001x 的主要区别在于应用了多路载波技术,通过采用三载波使带宽提高。2009 年 12 月 30 日,中国电信正式采用 CDMA2000 1xEV-DO 方案,完成了向 3G 过渡。

比如,手机屏幕上方会出现字母 3G,表示 CDMA2000 EV-DO 信号。

中国移动 3G 标准采用的就是 TD-SCDMA,于 2008 年 4 月 1 日开始试商用。

比如,手机屏幕上方会出现字母 T,表示 TD-SCDMA 信号。

WiMAX 的全名是微波存取全球互通(Worldwide Interoperability for Microwave Access),又称为 802.16 无线城域网,是又一种为企业和家庭用户提供"最后一英里"的宽带无线连接方案。将此技术与需要授权或免授权的微波设备相结合之后,由于成本较低,将扩大宽带无线市场,改善企业与服务供应商的认知度。

3G 频谱利用率高、实现了真正意义上的支持视频通话,可以满足宽带多媒体通信要求。

(4)第四代移动通信系统——4G

4G 又称 IMT-Advanced 技术。目前得到 ITU 审核并认可批准的标准就只有两种标准:LTE-Advanced 和 WirelessMAN-Advanced。

目前我国移动开通的 TDD-LTE 及其他国家的 FDD-LTE,还未完全达到 ITU 关于 4G 的一些指标,但 LTE 本身的一些技术在真正的 4G 中也有用到,所以只能称做"准 4G"或"3.9G",还不是真正的 4G,未来演进到 LTE-Advanced 后才是真正的 4G。

WirelessMAN-Advanced 则是作为 Wimax 的后续演进制式而成为 4G 标准之一。

8. 什么是通信的七分层结构?

为了实现各种通信系统互联,方便产品开发和工程模块化,国际标准化组织 ISO 于 1981 年制定了开放系统互联参考模型(Open System Interconnection Reference Model,OSI/RM)。

这个模型把网络通信的工作分为 7 层,由低到高分别是物理层(Physical Layer),数据链路层(Data Link Layer),网络层(Network Layer),传输层(Transport Layer),会话层(Session Layer),表示层(Presentation Layer)和应用层(Application Layer)。

第一层到第三层属于 OSI 参考模型的低三层,负责创建网络通信连接的链路;第四层到第七层为 OSI 参考模型的高四层,具体负责端到端的数据通信。如图 1-6 所示。

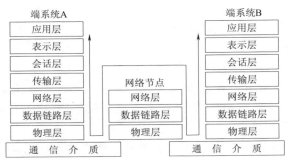

图 1-6　网络通信的数据传输过程

9. 无线通信的收发信机由哪些模块组成？

数字无线收发信机的结构如图 1-7 所示。发信机由信源→信源编码器→加密→信道编码→数字调制→复用/多址→射频发射→天线组成；收信机由天线→分集→均衡器→解复用/多址→数字解调→信道译码→解密→信源译码→信宿组成。

这些模块有些是必需的，如数字调制/数字解调，射频发射/射频接收，有些当不需要此功能的话也可省略，如加密/解密。

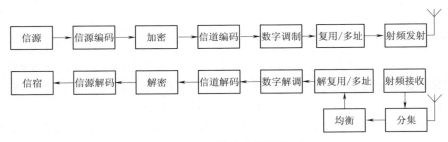

图 1-7　无线收发器模块

10. 接收机的噪声是哪来的？最小接收功率是指什么？接收信噪比是指什么？

一般接收机的噪声是指接收机器件的热噪声，主要来自馈线、收发开关噪声、前端放大器噪声、混频器等。

最小接收功率指接收机正常工作所需接收信号的最小功率,其大小和接收机的硬件设备和采用的通信技术有关。

接收信噪比是指接收机前端接收到的信号功率与噪声功率之比。

二、基础技术

11. 无线通信电波传播的方式有哪些?

无线电波有直射、反射、绕射、透射、散射五种传播方式,如图 1-8 所示。

图 1-8　无线通信电波传播方式

12. 什么是无线传输的路径损耗? 如何计算?

路径损耗(Path loss),是指发射机天线和接收机天线之间由传播环境引入的损耗量。例如,GSM 基站发射功率是 20 W,经传输,移动台接收功率只有 10^{-6} mW,这个差值就是传播环境带来的损耗。

在计算时,一般在自由空间损耗模型的基础上,考虑环境因素给出改进模型,计算出损耗的中值。自由空间损耗 $= 32.4 + 20\lg d + 20\lg f$。$d$ 是通信距离,单位是公里(km);f 是频率,单位是 MHz,如图 1-9 所示。可以看到损耗随通信距离的增大而增大,也就是说距离发射机越远,接收功率越低;且通信频率越高,损耗会越大,这也就是为什么在双频的 GSM 网中,即使发射功率一样,载频 1.8 GHz 常比 900 MHz 的通信距离近的原因。自由空间损耗的计算没有考虑具体传播环境影响,实际上相同的通信距离和频率,大城市的损耗比郊区的要大,改进模型就是来修正这一误差的,情况如图 1-10 所示。

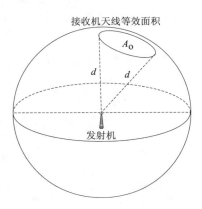

图 1-9　自由空间损耗图

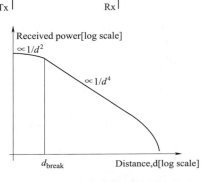

图 1-10　接收功率均值与传播距离的关系

13. 什么是无线传输的大尺度衰落？是由什么效应产生的？

　　题 12 计算的损耗只是统计平均值,实际上距基站相同距离的地点的接收功率并不相同。如图 1-11 所示,建筑阴影区域(BC)的接收功率小于开阔地的接收功率(AB 和 CD)。由于传播环境的多变性,相同距离上的接收功率表现出随机性,这种变化被称为衰落。具体而言,这种波动发生在大约十个波长范围内的叫大尺度衰落。它一般由建筑物、高山等的阻挡造成的,所以称其由阴影效应产生。这种衰落的统计特性满足对数正态分布,如图 1-12 所示。

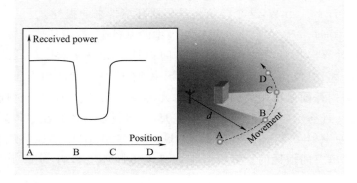

图 1-11　阴影效应

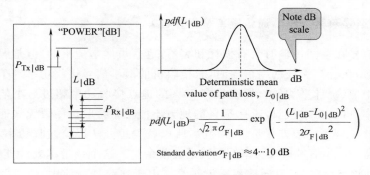

图 1-12　大尺度衰落统计特性

14. 什么是无线传输的小尺度衰落？是由什么效应产生的？

　　在某些环境中，如大城市，信号经由多个路径到达接收机，各路径信号相互干涉，引起合成信号在很短距离内就发生变化。这种发生在大约一个波长范围内的变化，被称为小尺度衰落，如图 1-13 所示。由于是多路径信号的叠加引起的，所以称其由多径效应产生。在大多数场景中，这种衰落服从瑞利分布，如图 1-14 所示；当相互干涉的多径中包含信号强度较大的直射径时，其服从莱斯分布。

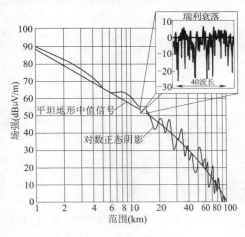

图 1-13　小尺度衰落

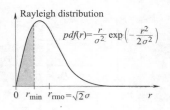

图 1-14　瑞利分布

15. 什么是衰落余量？通信概率是指什么？

信号在空间传输时会有损耗和衰落，衰落虽然是随机的，但是服从一定分布，在计算无线网络覆盖时，若接收机的最小信号接收功率等于接收信号中值（统计平均值），那就只有 50% 的地点接收功率超过最小信号接收功率，可以正常接收，还有 50% 的地方不能正常接收。一般无线通信网络会设计 95% 的地方都要正常接收，所以就得想办法提高接收功率，接收功率高于最小信号接收功率的量就是衰落余量。这个余量越大，可以正常通信的地点就多，或说通信概率就越高。由于在移动通信中，位置的移动对应的就是时间的变化，所以通信概率是指移动用户在给定服务区域进行成功通话（达到规定通话质量）的概率，它包括位置概率和时间概率。

16. 什么是平衰落？什么是频率选择性衰落？

信号在无线信道中传输会有衰落现象，其在频率域的表现就是不同频率的衰落可能不同，如图 1-15 所示，衰落情况大体一样的频率范围被称为相干带宽。若信号本身的带宽小于相干带宽，则表明信号的所有频率衰落情况大致一样，也就是说在带宽范围内具有恒定增益及线性相位，此时称信号经历了平坦衰落，或平衰落。平衰落的衰落状况与频率无关，各频率成分衰落一致，衰落信号的波形不失真。

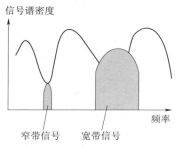

图 1-15 平衰落和频率选择性衰落

反之，如果信号带宽大于无线信道的相干带宽，那么该信道特性导致信号不同频率成分衰落不一致，衰落状况与频率有关，信号波形将产生失真,此时称信号经历了频率选择性衰落。

宽带信号往往受到频率选择性衰落。宽带信号传输必须采用更复杂的信号处理技术,才能保证通信质量。

17. 什么是快衰落? 什么是慢衰落?

在移动通信中,用户的移动会带来接收频率的改变,即多普勒频移;靠近发射端时接收频率增大,远离发射端时频率减小;又因为是多径传输,用户的移动或通信环境中其他反射体的移动都会造成接收信号多普勒扩展,使得信号衰落情况随时间变化而变化。变化大体一致的时间叫相干时间,如果信号的符号周期大于信道相干时间,说明信号在一个符号周期中经历了不同的衰落,也就是说相对而言信道变化太快了,此时称信号经历了快衰落。

反之,信号的符号周期远小于信道的相干时间,或者一个信道相干时间包含若干个信号的符号周期,这些符号经历的衰落情况大体一致,此时称信号经历了慢衰落。

频率越高,移动速度越大,多普勒频移越大,相干时间就会越小,信道随时间变化得越快。信号符号率相同时,若移动速度慢,由于相干时间较大,可能经历的是慢衰落;而当移动速度快时,由于相干时间较小,信号可能就会经历快衰落。这就是为什么在高铁上打电话常常质量不高的原因。

18. 为什么要采用调制解调? 有哪些常用的方法?

无线通信是用电磁波携带信息的,发射机要通过天线将电信号转化为电磁信号,要获得较高的转化效率,天线的长度一般应是信号载波波长的 1/4～1/20,可见低频时天线就要很长,高频时天线才能缩短。我们的信源都是低频的,所以就要把低频的信源信号搬移到高频上去,这个过程就是调制。调制还可以将各种低频段的不同信号搬到不同的高频上去,起到频分用户的作用。解调则是把高频信号搬移回低频。

调制分模拟调制和数字调制。常用的模拟调制有模拟调幅——高频信号的幅度随信源信号的幅度变化而变化,如 AM 中波广播;模拟调频——高频信号的频率随信源信号的幅度变化而变化,如 FM 调频广播,如图 1-16 所示。常用的数字调制有二相相位调制(BPSK)、四相相位调制（QPSK）、八相相位调制（8PSK）、16 正交幅度调制（16QAM）等，常用图 1-17 的星座图表示。以 BPSK 为例，用水平正轴上的信号表示"1"，负轴上的信号表示"0"，然后将"轴"按要求的载波频率快速旋转；而 QPSK 则将每 2 bit 组成一个符号，放置在四个象限中，然后将"轴"按要求的载波频率快速旋转，如图 1-18 所示。最小频移键控（MSK）则是"轴"按要求的载波频率快速旋转时，"0"多转 90°，"1"少转 90°，如图 1-19 所示，已调信号如图 1-20 所示。我们熟悉的 GSM 系统就是在这种方式上加了个高斯滤波，称为高斯最小频移键控（GMSK）。

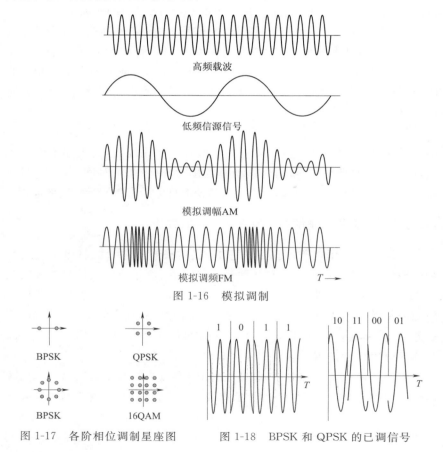

高频载波

低频信源信号

模拟调幅AM

模拟调频FM

$T \longrightarrow$

图 1-16　模拟调制

BPSK

QPSK

BPSK

16QAM

图 1-17　各阶相位调制星座图

1　0　1　1

T

10　11　00　01

T

图 1-18　BPSK 和 QPSK 的已调信号

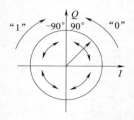
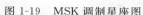

图 1-19　MSK 调制星座图

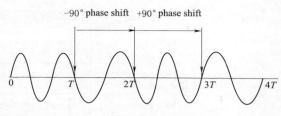

图 1-20　MSK 调制示意图

19. 如何在调制端考虑信号传输的带宽？

在数字通信中，信号的比特流要转换成符号流，如 2PSK 调制，符号率就等于比特率，而 4PSK 调制，2 比特表示一个符号，符号率等于比特率的一半；信号占用的频带宽度与符号率、成型滤波器的类型、参数等有关，一般可用符号率数值粗略地等同信号的带宽。

20. 如何在解调端衡量信号的接收质量？

在接收端可以通过观察眼图、星座图和计算误码率的方式衡量接收信号的质量。一般而言，眼图的"眼睛"张开越大，星座图的点越靠近理论星座点，误码率曲线在相同信噪比下的误码率越低，信号的接收质量越好。图 1-21、图 1-22、图 1-23 都是接收质量较好的情况。

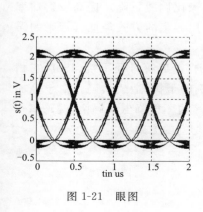

图 1-21　眼图

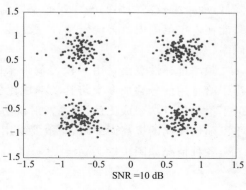

图 1-22　星座图

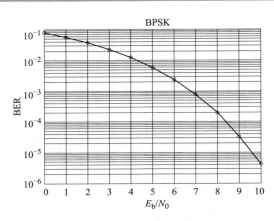

图 1-23　BPSK 调制误码率曲线

21. 高斯加性白噪声、平衰落和频率选择性信道对信号传输误码率的影响有何差别？

　　高斯加性白噪声使得原始有用信号叠加噪声后落到其他判决区间时，就会造成误码。信噪比越高误码率越低，随信噪比按 Q 函数或指数下降。一般可以采用提高信号功率，增加信噪比的方式降低其带来的误码率。

　　平衰落是有用信号的功率经历了信道衰落，使得其对噪声的鲁棒性降低，而带来较高的误码率。误码率以信噪比倒数下降。提高发射功率只能在一定范围内改善误码率，一般可以用分集的方式降低其带来的误码率。

　　频率选择性衰落是由多径传输带来的，造成符号间干扰(ISI)，它相当于给有用信号叠加多个与其功率成比例的干扰，造成误码。由于叠加的干扰和信号功率成比例，提高发射机功率也不能降低误码率，误码率几乎不随信噪比的提高而缩减，一般要采用均衡的方式。

　　各种情况如图 1-24 所示。

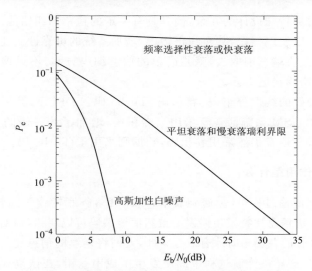

图 1-24　不同信道环境下 SNR(dB) 与 BER 的关系

22. 信源编码的作用是什么？有哪些方式？

信源编码的作用是降低信源的冗余度，即通常所说的数据压缩，这样有利于提高传输效率。

信源编码一般可分为无损码（可以无失真的恢复）和有损码（有一定失真的恢复）：常见的无损码有 Huffman 编码、算术编码、L-Z 编码；MPEG-2、H.264 等都属于有损编码方式。

信源编码和其处理信源的特性关系密切，不同的信源其信源编码方式也不尽相同；如语音信号常用时域压缩编码、频域压缩编码、模型基编码（声码器）。不同信源编码的效率也是不一样的，如 GSM 语音编码采用的 RPE-LTP 声码器，其语音速率是 13 kbit/s，IS-95 CDMA 语音编码采用的 QCELP 声码器，其语音速率是 8 kbit/s，比 PCM 64 kbit/s 的小多了。

语音采样并进行压缩，使语音信号实际传输时间小于语音本身的时间，是实现多用户时分传输的基础。

23. 信道编码的作用是什么？有哪些方式？

由于信道的噪声、衰落，接收的信号可能会有误码，信道编码通过给发送信号增加特殊设计的冗余,使其具有一定的检错和纠错能力,这样在接收端就可以发现错误,甚至纠正错误,增加系统的可靠性。比如信息重复发三遍,接收端三中取二,就是简单的信道编码方案,不过这种重复码冗余大,检错纠错能力差。

性能较好的线性分组码、卷积码、Turbo 码、LDPC 码都是常用的信道编码。如 GSM 系统话音就采用了卷积码,增加了约一倍的冗余。3G 移动通信系统话音仍然采用卷积码,数据则采用了 Turbo 码。

24. 交织的作用是什么?

信息在传输过程中,会遇到衰落,当深衰落谷底持续时间较长时,会造成连续一串信息比特发生错误。虽然信道编码可以纠错,但对校正单个差错和不太长的差错串时才有效。为此,人们将连续的信息比特以非连续的方式发送,这样在传输过程中即使发生了成串差错,在恢复成一条连续比特串信息时,连续一串的差错也就分散开来,变成单个或长度很短的差错,这时再用信道编码纠正差错,恢复原信息。这种方法就是交织技术。

交织可以看作是一种时间分集,是一种克服无线信道衰落的有效方法。

25. 分集的作用是什么? 有哪些分集方式?

无线信道信号的多径传输带来的衰落使信号接收质量下降,但当某条传播路径中的信号经历了深度衰落时,与其相互独立的一条或多条路径中可能仍包含着较强的信号,利用这些较强的信号可以改善接收质量。分集就是人为地使接收机获取发送信号的多个相互独立的副本,并采用适当的合并技术,以提高接收质量。

分集的方式有空间分集、极化分集、频域分集和时间分集等。

空间分集(又叫天线分集),利用空间的独立性实现分集,如图 1-25 (a)所示。组网时,在基站端采用 3 根或 2 根天线作为一个射频组。3 根天线时,两根天线负责接收,一根天线作为发射;2 根天线时,一根天线作为纯接收天线,一根天线结合发射和接收功能。2 根接收天线一般要间隔十几到几十个波长来保证相互独立。三扇区覆盖的天线塔有 9 根或 6 根天线,如图 1-25(b)所示。

　　极化分集,利用 2 根相互垂直极化的天线在接收端提供独立的信道实现分集,2 根极化天线之间的间隔可以很小,能置于一个天线罩内,称双极化天线,如图 1-26(a)所示。组网时,在基站端只需要采用 1 个双极化天线,其中水平极化天线负责接收,垂直极化负责发射和接收功能。三扇区覆盖的天线塔只有 3 根天线,如图 1-26(b)所示。

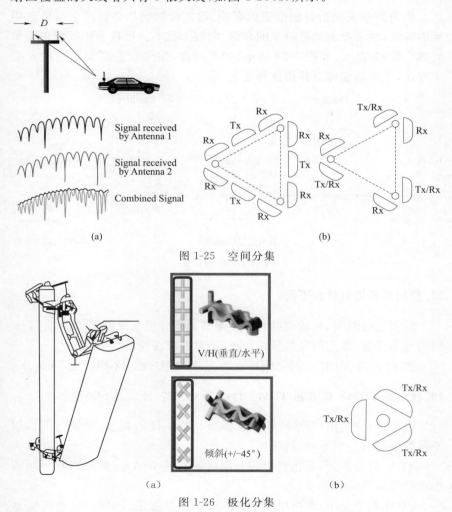

图 1-25　空间分集

图 1-26　极化分集

　　频率分集,利用间隔大于信道相干带宽的不同频点来实现分集。

　　时间分集,以超过信道相干时间的时间间隔重复发送信号,以便让再次收到的信号具有独立的衰落环境,从而产生分集效果。

26.均衡的作用是什么?

　　均衡简单说是指补偿信道的影响,即接收端的均衡器产生与信道相反的特性,用来抵消信道带来的衰落、码间干扰等。可以采用频域均衡和时域均衡的方法。如图 1-27 所示,如不均衡,信号经信道频率特性发生了变化,采用均衡可以补偿这种变化。

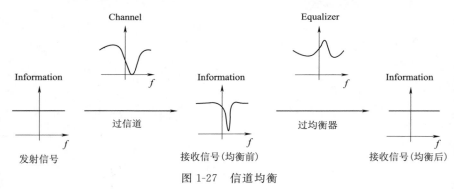

图 1-27　信道均衡

27.复用和多址有什么不同?

　　复用是将时间、频域、空间、码字等资源划分成独立的子信道,用于不同信号的传输,提高信号的传输容量,是对资源来说的。

　　多址的对象是用户,是区分用户的方式,每个用户使用不同的"址"来区分。

28.什么是 FDM? 什么是 TDM? 什么是 CDM? 什么是 SDM?

　　FDM 频分复用:是指将频谱资源分割成不同的频点(频域信道),用不同频点同时传送不同的信号。

　　TDM 时分复用:是指将时间分割成不同的小单元(时隙),在不同的小单元传输不同的信号。

　　CDM 码分复用:是指用码字来区分不同的信道,不同的信道传输不同的信号。

SDM 空分复用：是指将空间分割构成不同信道，不同的信道传输不同的信号。

29. 什么是 FDMA？什么是 TDMA？什么是 CDMA？什么是 SDMA？

FDMA 即频分多址：给不同的用户分配不同的频域信道，被分配的频域信道只能被对应用户使用，不同用户占用不同频域信道，可在同时发射信号。

TDMA 即时分多址：把时间分割成周期性的帧，将每一个帧再分割成若干个时隙，将不同的时隙分给不同的用户，每个用户都只能在对应的时隙发送信号，所有的用户共用系统的频谱资源。

CDMA 即码分多址：用不同的伪随机码（扩频码）区分不同的用户。这些用户共享系统的时间和频谱资源。CDMA 开创了第三个可以用于区分不同用户的维度。

SDMA 即空分多址：它利用天线的方向性将空间分割构成不同的信道，分配给不同的用户通信。一般用于卫星通信模式，随着天线方向性性能的提高，该技术也可用在多用户中继系统中。

图 1-28 说明了各种复用和多址的方式。

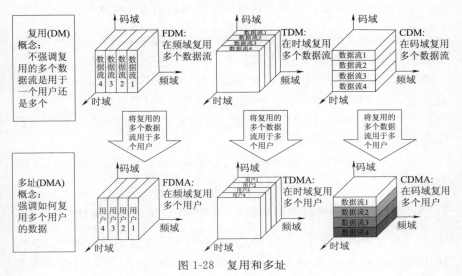

图 1-28　复用和多址

30. 双工方式是指什么？什么是 FDD？什么是 TDD？

双工方式是指两台通信设备之间可以同时进行双向传输,两台设备都同时可以作为发射机和接收机。我们的固定电话就是双工的,同时可以说(发)和听(收),对讲机一般就是单工的,说的时候不能听,听的时候不能说。

常用的双工方式有频分双工 FDD(Frequency Division Duplexing)和时分双工(Time Division Duplexing)。

频分双工 FDD:需要两个独立的频域信道,来区分两个方向的传输。如 GSM 网络,一个频域信道用来从基站向下传送到手机用户的信息,另一个频域信道用来将手机信息向上传送到基站;两个信道之间存在一个保护频段,以防止邻近的发射机和接收机之间产生相互干扰。在某 GSM 系统中,上行频点 885 MHz,下行频点 930 MHz,上下行保护间隔 45 MHz。

时分双工(Time Division Duplexing),只需要一个频域信道,是指在帧周期的不同时隙给上行、下行传输分配信道的方式,如 3G 的 TD-SCDMA。

31. 1G、2G、3G、4G 移动通信系统是以什么典型的多址技术来区分的？

1G 是模拟通信,采用的多址接入方式是 FDMA,我国 1987 年引入欧洲的 TACS 系统,2001 年全网关闭。

2G 及之后的 3G、4G 都是数字通信。2G 的 GSM 采用的典型多址接入技术是 TDMA;2G 的 IS-95CDMA 采用的是 CDMA。

3G 有 WCDMA、CDMA2000 和 TD-SCDMA 三种制式,采用的典型多址技术是 CDMA。

4G 采用了 OFDM(正交频分复用)技术,典型的多址技术是 OFDMA。

32. 为什么可以靠码来区分不同用户？CDMA 的工作原理是什么？

CDMA 即码分多址,采用了无线扩频技术。无线扩频技术之一是直接序列扩频(DSSS),它的工作原理是将需传送的具有一定信号带宽的信息数据,与一个带宽远大于信号带宽的高速伪随机码(称之扩频码)进行相乘,使原数据信号的带宽被扩展后再调制发送出去。接收端解调后,再使用与发端完全相同的扩频码,与接收的带宽信号作相关处理,由于这种扩频码自相关性很强,就可以把宽带信号再还原成原信息数据的窄带信号,即解扩,实现数据通信。当接收端使用的扩频码与发送端不同时,不同扩频码互相关性值很小,解扩出的信号就像噪声一样,无法获得发端的信息,利用扩频码的这种特性,就使不同的用户区分开来了。如图 1-29 所示。CDMA 技术具有很好的保密性和抗干扰性,是 3G 通信的核心技术。

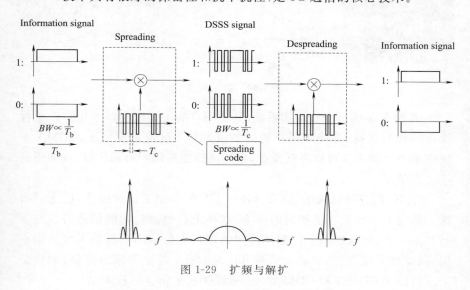

图 1-29 扩频与解扩

33. 什么是智能天线?

所谓智能天线,就是可以定位并跟踪用户终端的具体位置,并根据用户的位置,定向地向用户发射电磁波,而一般天线就没有这个功能了。

智能天线采用多个阵元小天线组成天线阵列,移动终端的信号到达基站天线阵列中不同阵元的路径行程不同,利用它们的距离差和阵元间距可以获知移动用户的方向,从而完成的手机方位的定位和跟踪。天线阵列中不同阵元发出的波会相互叠加,有的区域加强,有的减弱,即波的干涉现象,通过智能计算,将不同阵元形成的加强的天线主波束对准用户信号到达方向,弱的旁瓣或零陷对准干扰信号到达方向,采用这种空间定向波束天线,达到充分高效利用移动用户信号并删除或抑制干扰信号的目的。如图 1-30 所示。

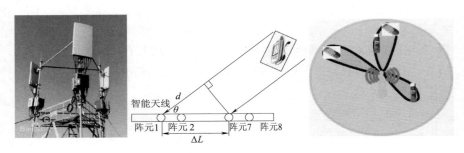

图 1-30   智能天线

CDMA 系统是个自干扰系统,其他用户的工作都会对本用户产生像噪声一样的干扰,系统中用户通话的质量与小区容量成反比,CDMA 系统中采用智能天线可以降低干扰,自然可以提高用户通话质量,或能提高小区容量了。

在 3G 的三种制式中,只有 TD-SCDMA 采用了这种技术,因为只有这一系统上下行采用了相同的频率,这样上行电波传输的信道特性与下行基本一致,可以采用上行定位得到的用户方位给出下行的天线波束方向,以减低干扰、提高容量。这是 TD-SCDMA 与生俱来的优势,而频分上下行的 WCDMA 和 CDMA2000 系统无法采用这一技术。

34. OFDM 的工作原理是什么?什么是 OFDMA?

OFDM 即正交频分复用,是将高速数据信号转换成并行的低速子数据流,在若干正交子信道上传输。由于每个子信道上的信号带宽小于信道的相干带宽,因此每个子信道上的衰落可以看成平坦性衰落,采用单抽头均衡器即可消除信道影响,是一种抗多径干扰的宽带传输技术。

OFDMA(正交频分多址)是一种多址技术,和 OFDM 的差别是,OFDM 所有子载波对应同一接收机,而 OFDMA 的不同子载波信道对应不同的用户。

频分复用(FDM)频谱如图 1-31 所示,正交频分复用(OFDM)频谱如图 1-32 所示。

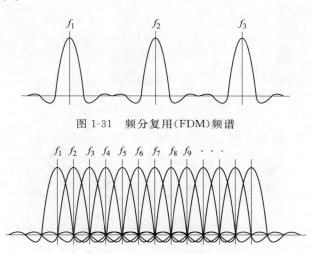

图 1-31　频分复用(FDM)频谱

图 1-32　正交频分复用(OFDM)频谱

35. MIMO 的作用是什么?

MIMO 一般可以用于空分复用、空间分集和波束赋形。

空分复用是指在发射端不同的子数据流在不同的发射天线上发射出去,发射端与接收端的天线阵列之间可以构成一个个空域子信道,使得在不同发射天线上传送的信号之间能够相互区别,接收机能够区分出并正确接收这些并行的子数据流。空间复用可以提升信息传输速率,提高信道的容量。

空间分集是利用发射或接收端的多根天线所提供的多重传输途径发送相同的数据,以提高数据的传输质量,降低误码率。

空时编码可以在一个 MIMO 系统中,同时实现空分复用和空间分集。如图 1-33 所示。

波束赋形是指由多根天线产生一个具有指向性的波束,将能量集中在欲传输的方向上,提高信号传输质量,并减少与其他用户间的干扰。如图 1-34 所示。

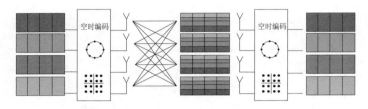

图 1-33　MIMO 的空时编码

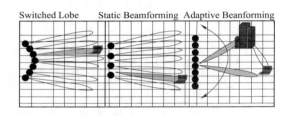

图 1-34　MIMO 的波束赋形

36. 移动通信网中常会发生哪些干扰? 如何克服?

在移动通信第二代、第三代及第四代共存的今天,随移动网络运营商日益发展,射频资源(目前全部在 2.5 GHz 以下)日趋紧张,若不同运营商网络配置不当,极易产生同网及不同网之间的射频干扰,造成网络质量下降,甚至断网。要解决干扰问题,必须了解干扰的类型,针对不同模式的网络给出相应的解决方案。

移动通信网中的干扰包括外部干扰和内部干扰,外部干扰主要包括强信号干扰、固定频率的干扰、不可预测信号干扰及非法干扰。内部干扰有同频干扰、邻频干扰和互调干扰。

同频干扰:指干扰源占用的频率恰好与有用信号频率相同,如在 GSM 制式的移动通信网中,采用多频点复用方式覆盖,两个有一定间隔距离的小区会使用同一频率,当远处小区功率控制出现问题或由于多径传播,远处小区同频点信号可能干扰到本小区,当本小区有用信号和干扰信号的同频干扰的载波干扰比 C/I 小于某个特定值时,就会直接影响到手机的通话质量,如图 1-35 所示。

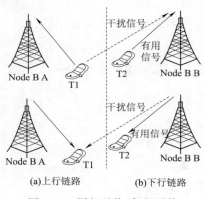

(a)上行链路　　　(b)下行链路

图 1-35　同频干扰/邻频干扰

邻频干扰:指在两个相邻或相近的信道,所传输的信号超过了信道的宽度,从而对临近信道所传播信号造成的干扰。当邻频道的载波干扰比 C/I 小于某个特定值时,就会直接影响通话质量。如 GSM 系统相邻频率不能再同一小区同时使用,也不可以在相邻小区使用。

GSM 协议规范:同频干扰保护比 C/I≥9 dB;邻频干扰保护比 C/A≥ -9 dB。其含义是如果占用小区的接收电平为 -70 dBm,如果有个同频的干扰信号,只要接收电平不大于 -79 dBm,就不会产生干扰;如果占用小区的接收电平为 -70 dBm,如果有个邻频的干扰信号,只要接收电平不大于 -61 dBm,就不会产生干扰。

克服同频和邻频干扰的措施是:合理的小区频率规划、功率控制和跳频技术。

互调干扰:当两个或多个干扰信号同时加到接收机时,由于非线性的作用,这两个干扰的组合频率有时会恰好等于或接近有用信号频率,落在接收机工作信道带宽内,由此形成的干扰,称为互调干扰。

在网络设计时,就要避免互调,特别是三阶互调的频率出现。

多址干扰:第二代的 CDMA 系统第三代移动通信系统采用了码分多址方式,系统用户占用相同频率,靠码区分不同用户,由于这些码不完全正交和同步,网络中的用户之间都会产生相互干扰,这种系统的自干扰就是多址干扰。

可以采用设计扩频码、功率控制(见图 1-36)、前向纠错编码、空间滤波技术和多用户检测技术等方法克服多址干扰。

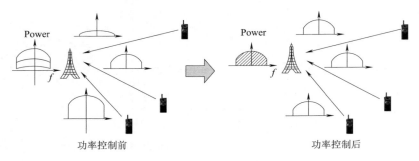

图 1-36　功率控制

三、数字蜂窝移动通信系统

37. 我国 2G 移动通信系统采用了哪些标准?相应采用的技术有哪些?

我国 2G 移动通信系统主要采用 GSM 900/1800 和 800 MHz CD-MA 两种标准。GSM 900/1800 和 CDMA 均为窄带数字移动通信系统,主要提供话音和低速(9.6 kbit/s~2 Mbit/s)的数据业务。

GSM 移动通信系统的无线接口采用 TDMA 技术。CDMA 移动通信的无线接口采用窄带码分多址 CDMA 技术。

目前中国移动和中国联通运营 GSM(包括演进的 GPRS 和 EDGE),中国电信则是 IS-95 CDMA(包括演进的 CDMA20001x)。

38. 我国 3G 移动通信系统采用了哪些标准?相应采用的技术有哪些?

3G 是指将无线通信与国际互联网等多媒体通信结合的新一代移动通信系统,可提供移动宽带多媒体业务,其中高速移动环境下支持 144 kbit/s 速率,步行和慢速移动环境下支持 384 kbit/s 速率,室内环境支持 2 Mbit/s 速率数据传输,并保证高可靠服务质量(QoS)。

目前国内 3G 移动通信系统支持 3 种无线接口标准，分别是中国联通的 WCDMA，中国电信的 CDMA2000，中国移动的 TD-SCDMA，三者间的标准参数对比如表 1-1 所示，三者的标志如图 1-37 所示。码分扩频技术是其共同的关键技术。

此外 3G 的关键技术还包括：

（1）高效信道编译码技术；

（2）智能天线技术；

（3）初始同步与 Rake 多径分集接收技术；

（4）多用户检测技术；

（5）功率控制技术。

表 1-1　3G 标准参数对比

		带宽 （MHz）	码片速率 （Mchip/s）	中国频段
WCDMA	异步 CDMA 系统， 无 GPS	5	3.84	上行：1 940～1 955 MHz， 下行：2 130～2 145 MHz
TD-SCDMA	同步 CDMA 系统， 有 GPS	1.6	1.28	1 880～1 920 MHz、 2 010～2 025 MHz、 2 300～2 400 MHz
CDMA2000	同步 CDMA 系统， 有 GPS	1.25	1.228 8	上行：1 920～1 935 MHz， 下行：2 110～2 125 MHz

联通　　　　　　　　移动　　　　　　　　电信

图 1-37　3G 标志

39. 我国 4G 移动通信系统采用了哪些标准？相应采用的技术有哪些？

2010 年 IMT-Advanced 确定了 LTE-Advanced 和 WirelessMAN-Advanced 两种 4G 标准,前者是以 3GPP 为代表的各家公司及相关区域组织主推的 3G 及 LTE 未来演进技术,后者则是以 802.16m 为代表的宽带无线通信技术。LTE-Advanced 包含 TDD 和 FDD 两种制式,其中 TDD 制式的 LTE-Advanced 4G 技术由中国提出。

以下以 LTE-Advanced 为例,说明 4G 技术的主要技术特性。

ITU 4G 的基本技术要求是下行峰值速率 1 Gbit/s,上行 500 Mbit/s,对应的频谱效率要达到 15 bit/s/Hz 和 6.75 bit/s/Hz。LTE-Advanced 的要求则更高,在峰值频谱效率方面达到了下行 30 bit/s/Hz 和上行 15 bit/s/Hz,在小区平均频谱效率和边缘频谱效率方面也有所提高。

3GPP LTE-Advanced 为保持兼容性,采用了 LTE 的关键技术,包括:

(1)正交频分复用(OFDM)技术;

(2)软件无线电;

(3)智能天线技术;

(4)多输入多输出(MIMO)技术;

(5)基于 IP 的核心网。

在 LTE-Advanced 中还有:

(1)载波聚合(Carrier Aggregation);

(2)下行增强多天线技术(Enhanced Downlink Multiple Antenna Techniques);

(3)上行多天线技术(Uplink Multiple Antenna Techniques);

(4)中继(Relays);

(5)协作多点(Coordinated Multiple Points)。

我国采用 LTE-Advanced 标准,中国联通支持 FDD-LTE 制式,中国电信和中国移动支持 TD-LTE 制式。表 1-2 为是我国 4G 频谱资源的划分,4G 的宣传画如图 1-38 所示。

表 1-2　我国 4G 频带划分

	频谱资源	频点
中国移动	130 MHz	1 880～1 900 MHz、2 320～2 370 MHz、2 575～2 635 MHz
中国联通	40 MHz	2 300～2 320 MHz、2 555～2 575 MHz
中国电信	40 MHz	2 370～2 390 MHz、2 635～2 655 MHz

图 1-38　向 4G 致敬

第二部分　网络架构篇

一、GSM

(一)基础与原理

40. 第二代移动通信系统与第一代相比优势是什么?

　　20世纪80年代发展起来的模拟蜂窝移动电话系统称为第一代移动通信系统。它是一个仅限于模拟信号语音通信的蜂窝电话标准,这个原始的系统只具备有限的容量和有限的通话质量,更别说使用它来进行数据业务。而第二代移动通信系统(the 2nd Generation)是从20世纪90年代初期开始使用的数字移动通信系统,支持数字化的语音业务和低速数据业务,能够提供9.6~28.8 kbit/s的数字传输速率,克服了模拟系统的弱点。和第一代模拟蜂窝移动系统相比,第二代移动通信系统具有保密性强、频谱利用率高、能提供丰富的业务、标准化程度高等特点,可以进行省内外漫游。第二代移动通信在全球主要有GSM和CDMA两种制式,而我国采用的主要是GSM这一标准。图2-1为GSM标准及产业进展时间轴,表2-1为第二代蜂窝移动通信系统的基本特征。

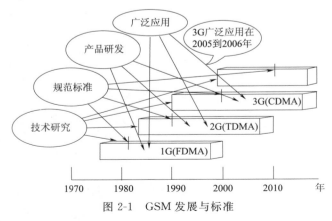

图 2-1　GSM 发展与标准

表 2-1　第二代蜂窝移动通信系统的基本特征

系统名称	GSM	IS-54	PDC	IS-95
引入年代	1990	1991	1993	1993
多址方式	TDMA	TDMA	TDMA	CDMA
上行/下行频率(MHz)	890～915 935～960	824～849 869～894	810～830、1 429～1 453 940～960、1 477～1 501	824～849 869～894
调制方式	GMSK	DQPSK	DQPSK	OQPSK/QPSK
载波带宽	200 kHz	30 kHz	25 kHz	1 250 kHz
信道速率(kbit/s)	270.8	48.6	42	1 228.8
编码方式/码率	RELP-LTP/13	VSELP/S	VSELP/6.7	QCELP/S

41. GSM 系统的技术特点是什么?

GSM 数字蜂窝移动通信系统是一种典型的开放式结构,作为一种面向未来的通信系统,它具有下列主要特点:

(1)频谱效率高。由于采用了高效调制器、信道编码、交织、均衡和语音编码等技术,使系统具有较高的频谱效率。

(2)容量大。由于每个信道传输带宽增加,同时采用频分多址、时分多址及跳频的技术复用方式,频率重复利用率较高,使 GSM 系统的容量效率(每兆赫兹每小区的信道数)比第一代移动通信系统高 3～5 倍。

(3)话音质量好。GSM 系统抗干扰能力较强,系统的通信质量较高。

(4)安全性强。GSM 系统具有较强的鉴权和加密功能,能确保用户和网络的安全需求。

(5)与其他网络的互联。与 ISDN、PSTN 等通常利用现有的接口,如 ISUP 或 TUP 进行互联。

(6)在 SIM 卡基础上实现漫游。漫游是移动通信的重要特征,它标志着用户可以从一个网络自动进入另一个网络,GSM 系统可以提供全球漫游。

42. 我国 GSM 网络的工作频段有哪些?

我国陆地蜂窝数字移动通信网 GSM 通信系统采用 900 MHz 与

1 800 MHz频段这两个频段,其工作频段如表2-2所示。

表 2-2 GSM 系统的工作频段

	上行频段（MHz）	下行频段（MHz）	带宽（MHz）	双工间隔（MHz）	双工信道数
900 MHz	890～915	935～960	2×25	45	124
1 800 MHz	1 710～1 785	1 805～1 880	2×75	95	374

具体的,我国目前 GSM 网络使用的频段如下所示:

中国移动

* GSM900:885～909 MHz 上行　930～954 MHz 下行

* GSM1800:1 710～1 725 MHz 上行　1 805～1 820 MHz 下行

中国铁路 GSM-R

* GSM900:885～889 MHz 上行,930～934 MHz 下行

中国联通

* GSM900:909～915 MHz 上行　954～960 MHz 下行

* GSM1800:1 745～1 755 MHz 上行　1 840～1 850 MHz 下行

43. GSM 支持哪些业务功能?

GSM 所提供的基本业务可分为承载业务和电信业务,如图 2-2 所示,其中电信业务又包括话音业务、数据业务及短消息业务等。此外,GSM 还提供了多种多样的附加业务。

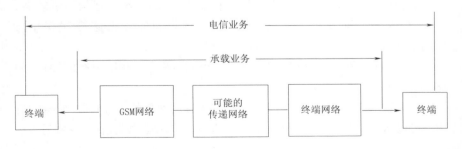

图 2-2　承载业务与电信业务定义

（1）承载业务。承载业务为用户与网络接口之间提供传输服务的一种电信业务，不仅使移动用户之间能完成数据通信，也能使移动用户与 PSTN 或 ISDN 用户之间进行数据通信，承载业务的分类如表 2-3 所示。

表 2-3　承载业务分类

业务码	承载业务名称	透明属性	业务码	承载业务名称	透明属性
21	异步 300 bit/s 双工电路型		33	同步 4.8 kbit/s 双工电路型	
22	异步 1.2 kbit/s 双工电路型		34	同步 9.6 kbit/s 双工电路型	
24	异步 2.4 kbit/s 双工电路型		42	异步 PAD 接入 1.2 kbit/s 电路型	T 或 NT
25	异步 4.8 kbit/s 双工电路型		44	异步 PAD 接入 2.4 kbit/s 电路型	
26	异步 9.6 kbit/s 双工电路型		45	异步 PAD 接入 4.8 kbit/s 电路型	
32	同步 2.4 kbit/s 双工电路型		46	异步 PAD 接入 9.6 kbit/s 电路型	
61	交替话音/数据		81	语音后接数据	注 1
31	同步 1.2 kbit/s 双工电路型				T
41	异步 PAD 接入 1.2 kbit/s 电路型				NT

注：1. 承载业务 61 和 81 中的数据为 3.1 kHz 信息传送能力的承载业务为 21～34；

2. 表中"T"表示透明，"NT"表示不透明。

（2）话音业务。话音业务是 GSM 提供的最重要的业务，它负责用户之间的双向通话，如图 2-3 所示。

（3）数据业务。数据业务是指支持数据通信的功能，是数据通信技术和移动通信技术的结合。利用数据业务用户可以在户外或外出途中利用手机阅读电子邮件、访问 Internet、登录远程服务器、电子购物、车辆调度等，如图 2-4 所示。

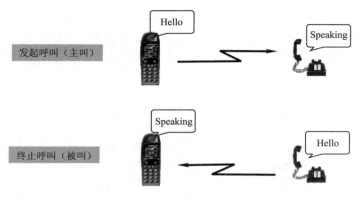

图 2-3　话音业务

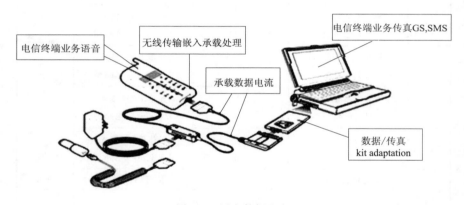

图 2-4　用户数据业务

　　(4)短消息业务。GSM 提供了一种类似于寻呼业务的短消息服务，使用户可以用 GSM 移动台来传递一些简单的消息，如图 2-5 所示。

　　(5)补充业务。补充业务主要是允许用户能够选择网络对其呼叫的处理以及通过网络为用户提供信息，使用户能更充分的利用基本业务。GSM 所提供的补充业务共 8 大类：号码识别类补充业务、呼叫提供类补充业务、呼叫完成类补充业务、多方通信类补充业务、集团类补充业务、计费类补充业务、附加信息传送类补充业务、呼叫限制类补充业务，如图 2-6、图 2-7 所示。

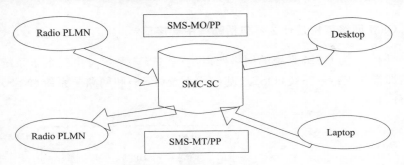

图 2-5　短消息业务

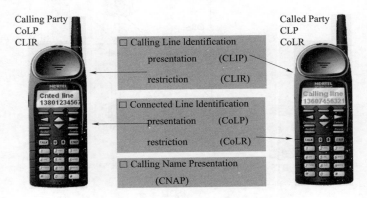

图 2-6　补充业务——线路识别

图 2-7　补充业务——呼叫前传

44. GSM 网络架构是什么？包括哪些主要接口？

图 2-8 为 GSM 系统的网络架构，一个 GSM 系统可由三个子系统组成，即操作支持子系统（OSS）、基站子系统（BSS）和网路子系统（NSS）三部分。

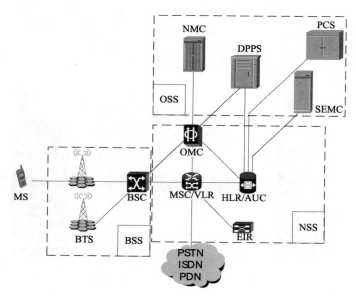

图 2-8　GSM 网络架构

NMC—网络管理中心；DPPS—数据后处理系统；ISDN—综合业务数字网；
OMC—操作维护中心；SEMC—安全性管理中心；MSC—移动业务交换中心；
VLR—来访用户位置寄存器；PDN—公用数据网；EIR—移动设备识别寄存器；
HLR—归属用户位置寄存器；AuC—鉴权中心；PCS—用户识别卡个人化中心；
PSTN—公用电话网；BTS—基站收发信台；BSC—基站控制器；MS—移动台

GSM 系统的接口主要有 BSS 和 NSS 内部的接口，以及 GSM 与公众电信网的接口，简单来讲，BSS 内部有 A 接口、Abis 接口和 Um 接口；NSS 内部有 B 接口、C 接口、D 接口、E 接口、F 接口、G 接口；GSM 系统通过 MSC 与公众电信网互联，GSM 系统与 PSTN 和 ISDN 网的互联方式采用 7 号信令系统接口。关于接口的具体内容将在讲述各个子系统的时候详细描述。

45. 什么是 GPRS 和 EDGE？与 GSM 相比较各有何特点？

GPRS(General Packet Radio Service)是通用无线分组业务，是一种基于 GSM 系统的无线分组交换技术。相对原来 GSM 的电路交换数据传送方式，分组交换技术具有实时在线、按量计费、快捷登录、高速传输、自如切换等优点，此外 GPRS 系统中下载资料和通话是可以同时进行的，从技术上说，可以继续使用 GSM 系统打电话，而使用 GPRS 进行访问因特网、收发邮件等操作。

EDGE(Enhanced Data Rate for GSM Evolution)即增强型数据速率 GSM 演进，是一种从 GSM 到 3G 的过渡技术，主要作用是使蜂窝通信系统可以获得更高的数据通信速率，分组数据技术的演进如图 2-9 所示。相比于 GSM 网络，EDGE 引入了一个能够提供高数据率的调制方案，即八进制移相键控(8PSK)调制，该技术可以提高无线接口的总速率，能够尽可能的满足未来无线多媒体应用对宽带的需求。EDGE 的技术不同于 GSM 的优势在于：8PSK 调制方式、增强型的 AMR 编码方式、MCS 1～9 九种信道调制编码方式、链路自适应(LA)、递增冗余传输(IR)、RLC 窗口大小自动调整。

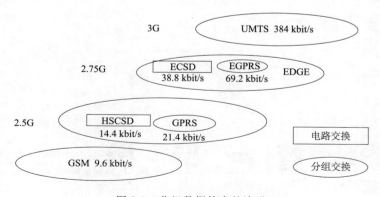

图 2-9　分组数据技术的演进

46. GPRS 和 EDGE 的网络架构是什么?

GPRS 网络在原有的 GSM 网络的基础上实现,话音部分仍采用原先的基本处理单元,对于数据部分增加了 SGSN(GPRS 服务服务业务单元)、GGSN(GPRS 网关业务单元)、PCU(分组处理单元)等功能实体,用来为用户提供无线数据业务。图 2-10 给出了简单的 GPRS 网络架构示意图。

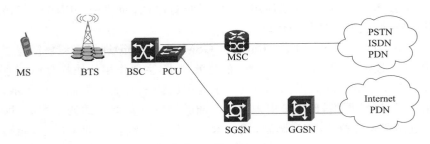

图 2-10 GPRS 网络架构

EDGE 技术主要影响现有 GSM 网络的无线接入部分,即基站收发台(BTS)和基站控制器(BSC),而对基于电路交换和分组交换的应用和接口并没有太大的影响,如图 2-11 所示。

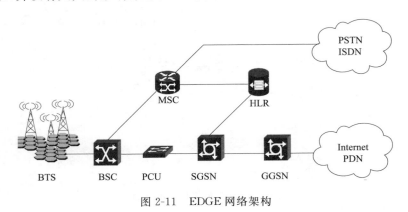

图 2-11 EDGE 网络架构

(二)网络交换子系统(NSS)

47. 网络交换子系统(NSS)的结构和功能是什么?

网络交换子系统有时也称之为交换子系统。它由一系列功能实体构成,各功能实体间以及 NSS 与 BSS 之间通过符合 CCITT 信令系统 No. 7 协议规范的 7 号信令网络互相通信。

NSS 的主要功能是管理用户数据,负责 GSM 用户和其他网络用户之间的通信,可分为如下几个功能单元:移动业务交换中心(MSC),拜访位置寄存器(VLR),归属位置寄存器(HLR),鉴权中心(AuC)和设备识别寄存器(EIR)。对于容量较大的通信网,一个 NSS 可以包括若干个 MSC、HLR 和 VLR。

网络交换子系统的结构图如图 2-12 所示。

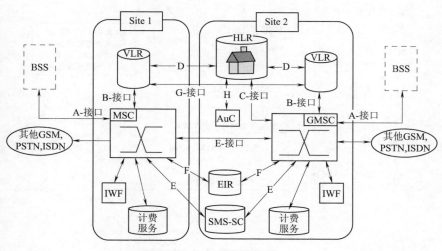

图 2-12   NSS 结构图

48. 什么是移动交换中心(MSC)? 有何功能?

MSC 是网络的核心,它完成最基本的交换功能,即实现移动用户与其他网络用户之间的通信连接,MSC 的接口如图 2-13 所示。

网关移动交换中心（GMSC，Gateway Mobile Switching Center），它可从 HLR 查询得到被叫 MS 当前的位置信息，并根据此信息选择路由。GMSC 可以是任意的 MSC，也可以单独设置。单独设置时，不处理 MS 的呼叫，因此不需设 VLR，不与 BSC 相连，GMSC 的功能如图 2-14 所示。

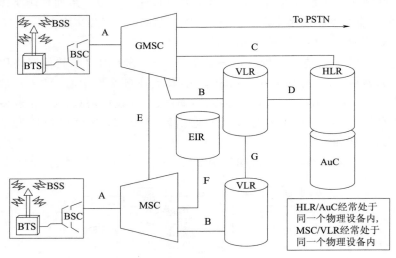

图 2-13　MSC 接口

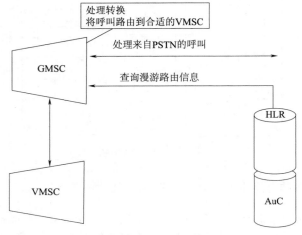

图 2-14　GMSC 功能

拜访移动交换中心（VMSC，Visited Mobile Switching Center），就是通常所说的端局。该局含有拜访位置寄存器 VLR。VMSC/VLR 主要功能是完成漫游在本局区域内用户的位置更新及完成本局内用户的主、被叫话务接入，VMSC 的功能如图 2-15 所示。

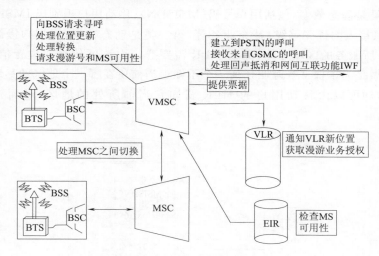

图 2-15　VMSC 功能

总之，MSC 具有以下四个功能：

（1）提供面向系统其他功能实体的接口，以及到其他网络（PSTN、ISDN等）的接口；

（2）配合 HLR、VLR、AuC 完成移动用户位置登记、自动漫游、合法性检验等功能；

（3）完成话音的接续功能，主要是交换，包括被叫用户所在地查询与寻呼、信道的分配、话务量控制以及计费功能等；

（4）配合 BSC 完成跨 BSC 的切换，以及通过信令来指示无线信道的建立和释放。

49. 什么是归属位置寄存器（HLR）？有何功能？

在 GSM 系统中，用户可以在整个 GSM 网络中漫游，但是移动用户只需要向一个运营者进行登记、签约和付费。这个运营者就是用户的归属局,归属局存放了所有用户的签约信息的寄存器就称为归属位置寄存器(HLR)。

HLR 是系统的中央数据库,它用于存放两种数据,如图 2-16 所示,第一类是静态数据,包括用户号码(MSISDN)、移动用户识别码 IMSI 号、Ki 号、接入的优先等级、补充业务等;第二类是动态数据,当用户漫游到 HLR 所服务的区域之外,那么 HLR 需要登记由该区传来的位置信息。这样做是为了保证当呼叫任何一个不知道当前所在哪一个地区的移动用户时,均可以由移动用户的 HLR 获知它当前所处的地区,进而建立连接。

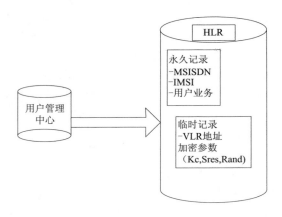

图 2-16 归属位置寄存器

50. 什么是位置访问寄存器(VLR)？有何功能？

VLR 是用来存储用户当前位置信息的数据库,如图 2-17 所示。当用户漫游到新的 MSC 控制区时,它必须向该地区的 VLR 申请登记。VLR 要从该用户的 HLR 查询有关的参数,为该用户分配一个新的漫游号码,并通知其 HLR 修改该用户的位置信息,准备为其他用户呼叫此移动用户时提供路由信息。如果移动用户从一个 VLR 服务区移动到另一个 VLR 服务区,HLR 在修改了该用户的位置信息后,还得通知原来的

VLR 删除此移动用户的位置信息。

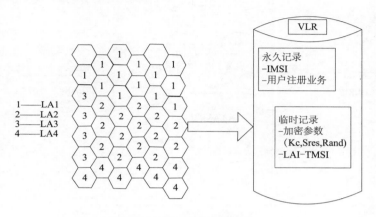

图 2-17　位置访问寄存器

　　VLR 是一个动态数据库,需要随时与有关的 HLR 进行大量的数据交换以保证数据的有效性。当用户离开其覆盖区时,用户的有关信息将被删除。VLR 在物理实体上总是与 MSC 一体,这样可以尽量避免由于 MSC 与 VLR 之间频繁联系所带来的接续时延。

51. 什么是鉴权中心（AuC）？有何功能？

　　由于空中接口具有开放性的特点,所以经空中接口传送来的信息很容易受到侵犯,因此 GSM 采用了严格的保密措施,AuC 能保护用户在系统中的合法地位不受侵犯。

　　AuC 属于 HLR 的一个功能单元部分,专用于 GSM 系统的安全性管理。它的作用是产生一个三参数组——RAND、SRES 和 Kc 的功能实体。这几个参数用于确定移动用户的身份核对呼叫进行加密,如图 2-18 所示。

　　AuC 存储着鉴权信息,用来对用户进行鉴权,防止非法用户的接入;AuC 还存储着密钥,用来对无线接口上的语音、数据、信令信号进行加密,保证用户的通信安全。

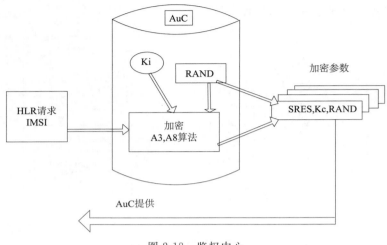

图 2-18 鉴权中心

52. 什么是设备识别寄存器(EIR)? 有何功能?

设备识别寄存器(EIR)是用来存储与移动台有关信息的寄存器。它通过对移动台的信息进行核查,来确定移动台是否合法,防止未经允许的移动台设备使用该移动网,如图 2-19 所示。

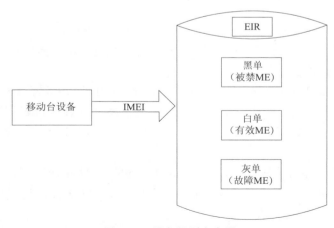

图 2-19 设备识别寄存器

53. 什么是 GPRS 服务支持节点（SGSN）？ 有何功能？

SGSN 与各功能实体的接口与联系如图 2-20 所示。

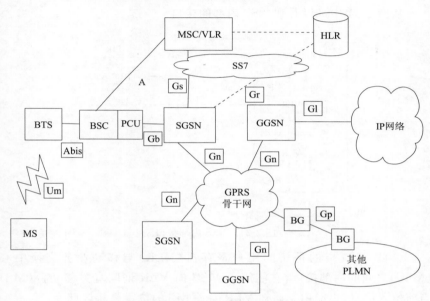

图 2-20　SGSN 和 GGSN 各接口单元图

SGSN 的主要功能和作用与 MSC 相似,进行分组移动用户的状态管理,计费管理等,并负责到 HLR 的用户数据信息的传送,还能够完成分组数据包的路由转发、移动性管理、会话管理、逻辑链路管理、鉴权和加密、话单产生和输出等功能。

54. 什么是 GPRS 网关支持节点（GGSN）？ 有何功能？

GGSN(Gateway GPRS Support Node)通过基于 IP 协议的 GPRS 骨干网与其他 GGSN 和 SGSN 相连,GGSN 各接口单元如图 2-20 所示。

GGSN 主要是起网关作用,它可以和多种不同的数据网络连接,如 ISDN、PSPDN 和 LAN 等。它的主要功能有:网络接入控制功能;维护路由表,实现路由选择和分组的转发功能;用户数据管理,实现对分组数据的过滤;移动性管理功能。

55. 网络交换子系统(NSS)内部接口有哪些？接口协议是什么？

从图 2-21 中可以看到 NSS 内部的接口。

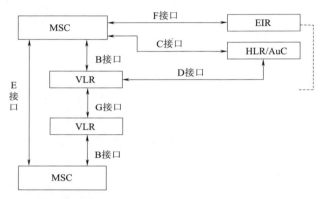

图 2-21 NSS 内部接口

(1)B 接口指的是访问用户寄存器(VLR)与移动业务交换中心(MSC)之间的内部接口,它能用于 MSC 向 VLR 询问有关移动台(MS)当前位置信息,也能用于通知 VLR 有关 MS 的位置更新信息等。

(2)C 接口指的是 HLR 与 MSC 之间的接口。它能用于传递路由选择和管理信息。如果采用归属用户位置寄存器(HLR)作为计费中心,则呼叫结束后建立或接收此呼叫的 MS 所在的 MSC 应把计费信息传送给该移动用户当前归属的 HLR 中。一旦要建立一个至移动用户的呼叫时,关口移动业务交换中心(GMSC)应向被叫移动用户所属的 HLR 询问被叫移动台的漫游号码。其物理链路采用标准 2.048 Mbit/s 的 PCM 数字传输线。

(3)D 接口指的是 HLR 与 VLR 之间的接口。它能用于交换有关移动台位置和用户管理的信息。为移动用户提供的主要服务是保证移动台在整个服务区内能建立和接收呼叫。实用化的 GSM 系统结构一般把 VLR 综合于 MSC 中,而把 HLR 与标准 2.048 Mbit/s 的数字链路相连。

(4)E 接口指的是控制相邻区域的不同 MSC 之间的接口。当 MS 在一个呼叫进行过程中从一个 MSC 控制的区域移动到相邻的另一个 MSC 的控制区时,为不中断通信需完成越区切换过程,此接口用于切换过程中交换有关切换信息以启动和完成切换。E 接口的物理链路是通过 MSC 间的标准 2.048 Mbit/s 数字链路来实现的。

(5)F 接口指的是 MSC 与移动设备识别寄存器(EIR)之间的接口。用于交换相关的国际移动设备识别码管理信息。F 接口的物理链接方式是通过 MSC 与移动设备识别寄存器(EIR)之间的标准 2.048 Mbit/s 的 PCM 数字链路实现的。

(6)G 接口指的是 VLR 之间的接口。当采用临时移动用户识别码(TMSI)时,此接口用于向分配此 TMSI 的 VLR 询问有关此移动用户的国际移动用户识别码(IMSI)的信息。G 接口的物理链路采用标准 2.048 Mbit/s 数字链路。

GSM 各接口协议示意图如图 2-22 所示。

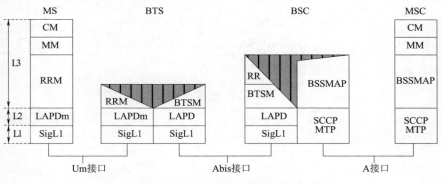

图 2-22　GSM 各接口协议示意图

56. 什么是无线资源管理(RRM)?

无线资源管理(RRM,Radio Resource Management)指的是在有限带宽的条件下,为网络内无线用户终端提供业务质量的保障。它的基本出发点是在网络话务量分布不均匀、信道特性因信道衰弱和干扰而起伏变化等情况下,灵活分配和动态调整无线传输部分和网络的可用资源,最大限度地提高无线频谱利用率,防止网络拥塞,保持尽可能小的信令负荷。

　　无线资源管理是主要任务是建立、维护和释放 RR 连接,所谓 RR 连接就是网络和 MS 之间点到点的通话,包括小区选择/重选和切换过程、接收单向的 BCCH 和 CCCH 信道等功能。

57.什么是移动性管理(MM)?

　　移动性管理(MM,Mobility Management)的主要功能是支持用户终端的移动性,例如:向网络通知它当前的位置和为用户提供身份验证。

　　MM 包括三个主要过程:

　　(1)位置更新。包括常规位置更新、周期性位置更新和 IMSI 附着,如图 2-23 所示。

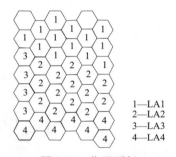

1—LA1
2—LA2
3—LA3
4—LA4

图 2-23　位置更新

　　(2)切换。将一个正处于呼叫建立状态或忙状态的 MS 转换到新的业务信道上的过程称为切换,如图 2-24 所示。

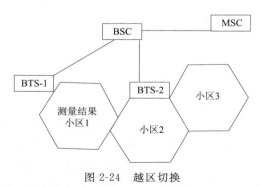

图 2-24　越区切换

（3）漫游。是指在归属 GSM 网络外的其他 GSM 网络（如其他拜访GSM 网络）中使用移动业务，如图 2-25 所示。

图 2-25　漫游示意图

58. 什么是接续管理（CM）？

接续管理（CM，Connectivity Management）是 GSM 协议模型中最高层的管理功能，是基于 RRM 子层和 MM 子层之上的。CM 的主要功能是提供对基本呼叫的控制、补充业务的呼叫控制和短消息的连接管理。其主要工作是建立主叫和被叫点对点的通信链路以及呼叫完成后对这条链路进行拆除。

（三）基站子系统（BSS）

59. 基站子系统（BSS）的结构和功能是什么？

BSS 是 GSM 系统中与无线蜂窝直接相关的部分。它向下可以通过无线接口与移动台相接，进行无线信号的收发和无线资源管理；向上通过A 接口与移动交换中心（MSC）相连，进行移动交换中心和终端用户之间的信号处理和传输。因此，手机接收信号和通话质量直接受基站子系统影响，BSS 在 GSM 网络中的位置如图 2-26 所示。

基站子系统主要包含基站收发台（BTS）和基站控制器（BSC）两部分，而实际上，一个基站控制器根据话务量需要可以控制数十个 BTS，如图 2-27 所示。

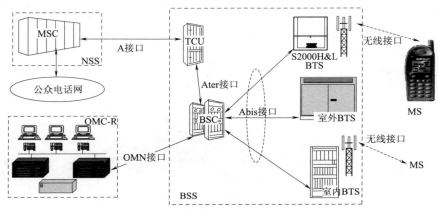

图 2-26　BSS 在 GSM 网络中的位置

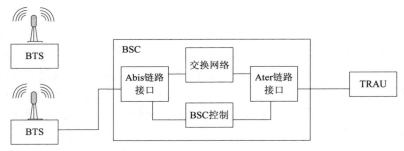

图 2-27　基站子系统

60. 什么是基站控制器(BSC)? 有何功能?

　　BSC 是基站子系统的控制部分,包括无线收发信机、天线和有关的信号处理电路等。基站控制器通过处理基站收发台接收到的远端命令,对所有的移动通信接口进行管理,主要是无线信道的分配、释放和管理。当使用移动电话时,BSC 负责为你打开一个信号通道,通话结束时它又把这个信道关闭,留给其他人使用。BSC 也对本控制区内移动台的越区切换进行控制。如在使用手机时跨入另一个基站的信号收发范围,控制器就得负责在这两个基站之间进行切换,从而保证移动台始终与移动交换中心保持通信连接,如图 2-28 所示。

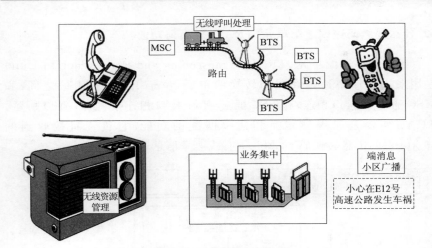

图 2-28　BSC 的基本功能

61. 什么是基站收发台（BTS）？有何功能？

　　大家常看到房顶上高高的天线，就是 BTS 的一部分。一个完整的 BTS 包括无线发射/接收设备、天线和所有无线接口特有的信号处理部分。BTS 可看作一个无线调制解调器，负责手机信号的发送和接收处理，如图 2-29 所示。

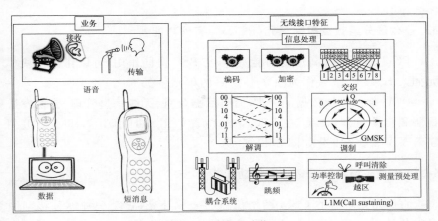

图 2-29　BTS 功能

62. 什么是编码速率适配单元（TRAU）？有何功能？

编码速率适配单元（TRAU，Transcoding and Rate Adaption Unit）是用来进行速率适配和码型转换的单元，位于 BSC 和 MSC 之间，和 MSC 通过 A 接口相连，和 BSC 通过 Ater 接口相连接，如图 2-30 所示。TRAU 主要是起码型转换和速率匹配的功能，它负责将接收到的 16 kbit/s 的信息转换成 64 kbit/s 有线速率信息。

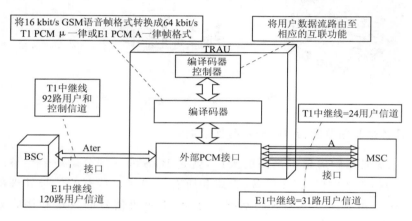

图 2-30 TRAU 结构及功能

63. 什么是分组数据控制单元（PCU）？有何功能？

PCU 是 GPRS 新加的功能实体，与 BSC 协同作用，可以作为模块单元插入 BSC 中，或者作为独立于 BSC 的单元存在。

PCU 提供无线数据的处理功能：数据分组、无线信道管理、错误发送检测和自动重发，PCU 在 BSC 中的位置如图 2-31 所示，GSM 演进到 GPRS BSS 设备变化如图 2-32 所示。

64. 什么是弱场增强设备？有何功能？

直放站是现有的 GSM 网络覆盖的一种补充，它是一种弥补移动网络中基站覆盖不足，扩大基站覆盖范围极其有效的设备。直放站工作在

BTS 和 MS 之间,是 GSM 系统的无线接口,它可以双向中继放大射频信号,扩大基站的覆盖范围。

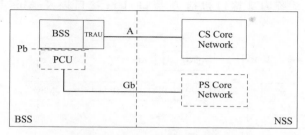

图 2-31 PCU 在 BSC 中的位置

升级BTS软件　　　升级BSC软件　　　新增PCU

图 2-32 GSM 演进到 GPRS BSS 设备变化

直放站经济实用、安装快捷,被广泛应用于地下商场、停车场、地铁、隧道、高层建筑的办公室、电梯或私人住宅等基站信号无法到达的信号盲区,同时可很好地消除阴影效应,对边远郊区个别村镇的弱信号区也具有很好的覆盖效果。直放站的原理如图 2-33 所示。

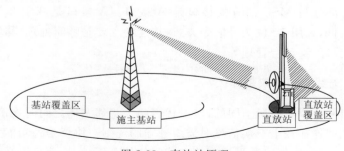

图 2-33 直放站原理

65.基站子系统内部接口有哪些？接口协议是什么？

基站子系统内部接口包括 A 接口、Um 接口以及 Abis 接口等，如图 2-34所示。

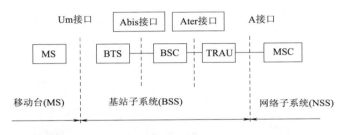

图 2-34　基站子系统内部接口

Um 接口是空中无线接口，是移动台和 BTS 之间的通信接口，用于移动台与 GSM 系统的固定设施之间的互通，其物理连接通过无线链路实现。Um 接口传递的信息包括无线资源管理、移动性管理和接续管理，用于传输 MS 与网络之间的信令信息和业务信息。

Abis 接口是 BSS 系统的两个功能实体 BSC 与 BTS 之间的通信接口，用于 BSC 与 BTS 之间的远端互联方式，物理连接通过标准的 2 Mbit/s或 64 kbit/s 的 PCM 数字传输链路来实现。Abis 接口支持系统向移动台提供的所有服务并支持对 BTS 无线设备的控制和无线频率的分配。由于 Abis 接口是 GSM 系统 BSS 的内部接口，是一个未开放的接口，可由各设备厂家自行定义。

BSS 部分与 MSC 部分的接口是 A 接口。A 接口是基于 2 Mbit/s 的数字接口，采用 14 位 7 号信令方式，传递的主要是呼叫处理、移动性管理、基站管理、移动台管理等信息。

66.GSM 无线接口协议是什么？

接口和协议是有所不同的，接口代表两个相邻实体之间的连接点，而协议是说明连接点上交换信息时需要遵守的规则。协议是各功能实体之间的语言，两个实体要通过接口传递特定的信息流，这种信息流必须按照规定的语言传递,双方才能互相了解,这种语言就是协议。

如图 2-35 所示,无线接口 Um 的物理层是 TDMA 帧。

数据链路层为 LAPDm,是在固定网 IDSN 的 LSPD 协议基础上稍加修改形成的。

Um 接口的第三层信令包含了无线资源管理(RRM)、移动性管理(MM)和连接管理(CM)3 个子层。

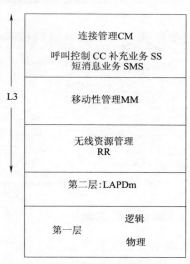

图 2-35　无线接口协议

67. GSM 帧结构是如何构成的?

GSM 帧结构有五个层次,分别是时隙、TDMA 帧、复帧、超帧、超高帧,如图 2-36 所示。

(1)时隙是物理信道的基本单元。

(2)TDMA 帧是由 8 个时隙组成的,是占据载频带宽的基本单元,即每个载频有 8 个时隙。

(3)复帧有以下两种类型:①由 26 个 TDMA 帧组成的复帧,这种复帧用于 TCH、SACCH 和 FACCH;②由 51 个 TDMA 帧组成的复帧,这种复帧用于 BCCH、CCCH 和 SDCCH。

（4）超帧是一个连贯的 51×26 的 TDMA 帧，由 51 个 26 帧的复帧或 26 个 51 帧的复帧构成。

（5）超高帧是由 2 048 个超帧构成。

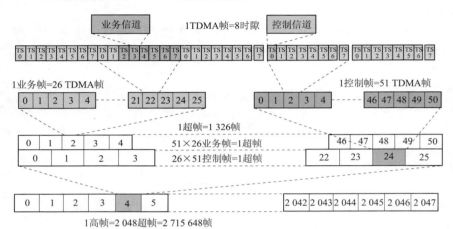

图 2-36 GSM 帧结构

68. GSM 的物理信道与逻辑信道区别是什么？

在 GSM 系统里，物理信道其实指的就是一个时隙，每个 0.577 ms 的时隙即为一个物理信道。GSM 系统里的逻辑信道，是指具有相同功能的信息的统称，因此把逻辑信道划分为：控制信道、业务信道。所以，物理信道其实是时隙这样的物理概念；逻辑信道是信息的统称，仅仅是一个抽象概念。

打个比方，我们可以把一条宽阔的道路换分成若干条车道，分别供行人、自行车、货车、轿车等通行，这里每一条车道就好比是物理信道，而所谓人行道、自行车道、货车道、轿车道……就是逻辑信道。如图 2-37 所示。

图 2-37 物理信道和逻辑信道的比喻

69. GSM 逻辑信道分类有哪些?

逻辑信道分为两类:业务信道和控制信道,如图 2-38 所示。

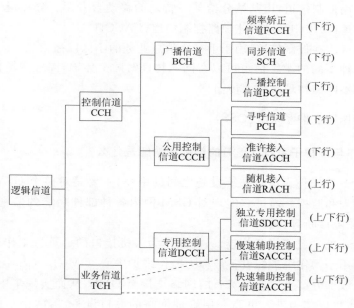

图 2-38　逻辑信道

业务信道(Traffic Channel):传输业务信息,包括话音业务信道和数据业务信道;

控制信道(Control Channel):用于传送信令或同步数据。分为四大类:广播信道(BCH)、公共控制信道(CCCH)、专用控制信道(DCCH)和小区广播控制信道(CBCH)。

广播信道:下行信道,传输频率校正、同步及系统消息。分为三种,频率校正信道(FCCH),传送移动台的频率校正信息;同步信道(SCH),传送同步信息基站识别码 BSIC,简化 TDMA 帧号;广播控制信道(BCCH),传送手机由此获得各种系统参数。

公共控制信道:系统内移动台共用。分为:寻呼信道(PCH),下行,用于寻呼移动台;随即接入信道(RACH),上行,用于移动台提出入网申请,请求分配一条 SDCCH;接入允许信道(AGCH),下行,用于入网应答,分配一条 SDCCH 或 TCH。

专用控制信道:由基站分给某一特定的移动台专用。分为慢速随路控制信道(SACCH)和快速随路控制信道(FACCH)

小区广播控制信道:用于下行短消息业务的小区广播信息。

几种不同的逻辑信道可以在同一物理时隙上传输,同一逻辑信道也可以在不同的物理时隙上传输。

(四)操作与维护子系统(OSS)

70. 操作与维护子系统(OSS)的结构和功能是什么?

OSS 是操作人员与系统设备之间的中介,主要是对整个 GSM 网络进行管理和监控。通过它实现对 GSM 网内各种部件功能的监视、状态报告、故障诊断等功能。

OSS 的一侧与设备相连,另一侧作为人机接口的计算机工作站。这些专门用于操作维护的设备被称为操作维护中心(OMC)。GSM 系统的每个组成部分都可以通过特有的网络连接至 OMC,从而实现集中维护。OMC 也可以作为进入更高一层管理网络的关口设备,由两个功能单元构成:OMC-R 和 OMC-S。如图 2-39 所示。

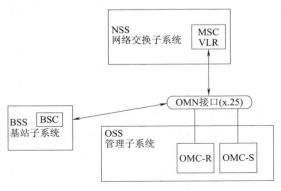

图 2-39 OSS 的结构

71. 什么是 OMC-R？有何功能？

OMC-R 基站子系统操作维护中心无线部分，是 GSM 数字蜂窝移动通信系统的组成部分之一，用来实现对基站子系统（BSS）设备的操作和维护，主要功能是维护面向 GSM 无线子系统的基本操作，辅助功能是提供管理服务。

OMC-R 一般采用服务器/客户端架构，其中服务器作为整个 OMC-R 的核心，要求具备处理能力强、数据存储量大、反应时间块、稳定可靠等特点；客户端是提供给各种用户使用的前端装置，用户通过客户端上运行的人机界面程序进行 BSS 系统的各种管理工作以及监控和管理 ZXG10-OMCR（V2.0）系统自身，一般采用基于 Windows 系统的 PC 客户端；数据库系统一般采用大型关系型数据库系统（如 Oracle 等），提供数据存储和查询等服务。

从和上层网络互联的角度看，OMC-R 通过 Q3 或者数据库 DB 接口实现上层网管 TMN 系统的接入，向下则一般通过通信接口（局域网或者广域网）和本地 BSC 系统相连，实现对 BSS 系统的配置管理、故障管理、性能管理、安全管理、系统管理等操作维护管理功能。

72. 什么是 OMC-S？有何功能？

OMC-S（Operation and Maintenance Center-Switch part）指无线操作维护中心交换部分，用于实现整个 BSS 系统的操作与维护，它一般是通过 SUN 工作站在 BSS 上的应用来实现。

（五）移动台

73. GSM 移动台的组成与功能是什么？

移动台就是移动用户设备部分，我们日常生活离不开的手机就是一种典型移动台。如图 2-40 所示。移动台由两部分组成：移动终端（MS）和用户识别卡（SIM）。移动终端就是"机"，它可完成话音编码，信道编码，信息加密，信息的调制和解调，信息的发射和接收等功能。SIM 卡就是"身份卡",它类似于我们现在所用的 IC 卡,因此也称作智能卡,存有认证用户身份所需的所有信息,并能执行一些与安全保密有关的重要信息,以防止非法用户进入网络。SIM 卡还存储与网络和用户有关的管理数据,只有插入 SIM 后移动终端才能接入进网。

　　每个移动终端都有自己的识别码,即国际移动用户识别号(IMEI),IMEI 主要由型号许可代码和厂家有关的产品号构成。每个移动用户有自己的 IMSI,存储在 SIM 卡。移动终端并非固定于一个用户,在系统中的任何一个移动台上,都可以通过 SIM 卡(用户识别卡 Subscriber Identify Module)来识别用户,而个人识别码 PIN(Personal Identify Number)可以防止用户识别卡未经授权使用。

图 2-40　GSM 移动台的组成

74. GSM 移动台的分类与区别是什么?

　　移动台是 GSM 系统的用户设备,包括车载台、便携台和手持机。移动台可以分成以下三种类型,如图 2-41 所示。

　　(1)MT:移动终端。MT0 包含数据终端功能和终端适配功能;MT1 包含 ISDN 终端适配功能;MT2 包含 CCITTV-系列或 X-系列终端适配功能。

　　(2)TE1:ISDN 终端设备。

　　(3)E2:V-或 X-型终端设备,TA:终端适配。

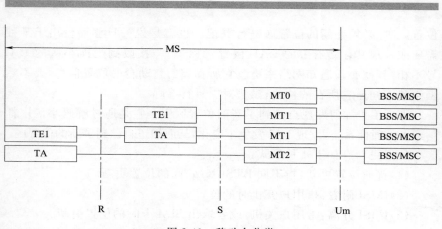

图 2-41 移动台分类

(六)GSM/GPRS/EDGE 主要通信过程实现

75.位置更新过程是如何实现的?

位置区指的是一个或几个 BTS 处理的区域。在这个区域内,MS 可以自由的移动而不需要通知系统。位置区虽然可以由一个或者几个 BSC 来控制,但它只属于一个 MSC。如图 2-42 所示,可清晰地看到位置区。

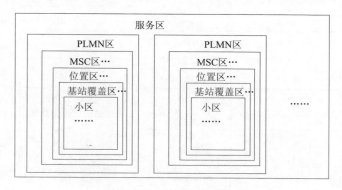

图 2-42 位置区示意图

什么是位置更新呢? 它指的是当移动台由一个位置区移动到另一个

位置区时,必须在新的位置区进行登记。也就是说一旦移动台出于某种需要或发现其存储器中的 LAI(位置区标识)与接收到当前小区的 LAI 号不相同,就必须通知网络来更改它所存储的移动台的位置信息,要不然网络就不知道它所在的位置,没法对它进行寻呼。

那么手机如何发现自己到了新的位置区呢? 它是通过解码小区广播信道上的通信系统,发现 LAI 发生了变化,从而知道自己到了新的位置区。

位置更新有如下 4 种形式:

(1)普通位置更新:指不同 BTS(基站)间的位置更新。

(2)IMSI 附着:指用户开机时的位置更新。

(3)IMSI 分离:指用户关机,或者取出 SIM 卡时的位置更新。

(4)周期性位置登记:指移动台定期向网络进行位置登记,范围为 0~225。若为 0,则该小区不采用周期性位置登记;若为 1,这就意味着每 6 min 登记一次。

相同 VLR 位置更新流程如图 2-43 所示。

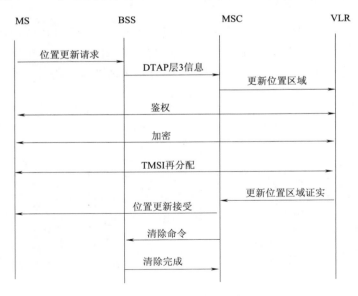

图 2-43 相同 VLR 位置更新流程

76. 路由区更新过程是如何实现的？

当附着在 GPRS 网络上的 MS 长期停留在某个路与区或者进入新的路由区时，它将发起 RA（路由区）更新过程。路由区更新过程包括周期性 RA 更新过程、同一 SGSN 内部的 RA 更新过程、不同 SGSN 之间的 RA 更新过程，以及 RA/LA 联合更新等过程。路由区更新流程如图 2-44 所示。

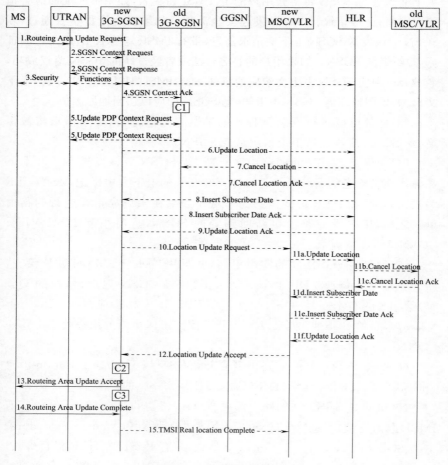

图 2-44 路由区更新流程

（1）如果没有 RRC 连接，先建立 RRC 连接。用户发送路由区更新请求消息（带有 P-TMSI、老的 RAI、跟随请求、路由更新类型等参数）给新的 SGSN。如果用户有上传的信令或数据，跟随请求应该被置上。

（2）如果路由区更新是跨越 SGSN 的，并且用户处于 PMM-IDLE 状态，新 SGSN 发送 SGSN 上下文请求消息（带有用户老的 P-TMSI、老的 RAI、老的 P-TMSI 签名）给老的 SGSN，以得到用户的 MM 上下文和 PDP 上下文。老的 SGSN 将检验用户的 P-TMSI 和签名，如果不匹配回应合适的原因值；这将导致新 SGSN 发起安全流程。如果安全流程鉴权通过，新 SGSN 应该发送 SGSN 上下文请求消息（带有 IMSI、老的 RAI、用户已验证标志）给老的 SGSN。如果用户的签名合法或者经过新的 SGSN 鉴权成功，老 SGSN 回应 SGSN 上下文响应消息（Cause、IMSI、MM 上下文、PDP 上下文）。如果用户在老 SGSN 中未知，老 SGSN 回应以适当地原因值。

（3）此处可以进行安装流程。如果鉴权失败，路由更新请求将被拒绝，新 SGSN 应该发送拒绝指示给老 SGSN。

（4）如果是 SGSN 间的路由区更新，新 SGSN 应该发送 SGSN 上下文确认消息给老的 SGSN。老的 SGSN 在它的上下文中标记 MSC/VLR 关联、GGSN 和 HLR 中的信息为非法。如果在未完成正在进行的路由更新之前，用户发起路由更新回到老的 SGSN，这将引起 MSC/VLR、GGSN、HLR 被刷新。

（5）如果是 SGSN 间的路由更新，并且用户处于 PMM-IDLE 状态，新 SGSN 发送修改 PDP 上下文请求消息（新 SGSN 地址、协商的 QoS 等）给相关的 GGSN。GGSN 更新它的 PDP 上下文，回应修改 PDP 上下文响应消息给 SGSN。如果发起 SGSN 间路由区更新的用户处于 PMM-CONNECTED 状态。

（6）如果是 SGSN 间的路由区更新，SGSN 以 Update Location 消息（SGSN 号码、SGSN 地址、IMSI）通知 HLR SGSN 的改变。

（7）如果是 SGSN 间的路由区更新，HLR 发送 Cancel Location（带有 IMSI、取消类型）消息给老的 SGSN，取消类型设置为 Update Procedure。老的 SGSN 以 Cancel Location Ack 消息（带有 IMSI）向 HLR 进行确认。

（8）如果是 SGSN 之间的路由区更新，HLR 发送插入签约数据消息

（带有 IMSI GPRS 签约数据）给新 SGSN；新 SGSN 证实用户存在于新的路由区中，如果签约数据限制用户在此路由区附着，SGSN 应该拒绝用户的附着请求，带以恰当的原因值，同时可以回应插入用户签约数据确认消息给 HLR。如果签约数据检查由于其他原因失败，SGSN 应该拒绝用户附着请求，带上合适的原因值，同时回应 HLR 插入用户签约数据确认消息（带有 IMSI、原因值）。如果所有签约数据检查通过，SGSN 为用户构造 MM 上下文，同时回应 HLR 插入用户签约数据确认消息（带有 IMSI）。

（9）如果是 SGSN 间的路由区更新，HLR 在删除旧的 MM 上下文和插入新的 MM 上下文完成后，发送 Update Location Ack 消息给 SGSN 确认 SGSN 的 Update Location 消息。

（10）如果路由更新类型是联合路由更新伴随 IMSI 附着或者位置区发生改变，SGSN 和 VLR 之间的关联必须建立。新 SGSN 发送 Location Update Request 消息（带有新的位置区标识、IMSI、SGSN 号码、位置区更新类型）给 VLR。如果路由区更新类型是联合路由区更新伴随 IMSI 附着，位置区更新类型应该指示 IMSI 附着，否则位置区更新类型应该指示正常。位置区更新 VLR 的号码是通过以 RAI 查询 SGSN 中的表得到。SGSN 在上面的步骤（8），即收到 HLR 的第一次插入用户签约数据消息时，就可以开始 Location Update 流程。通过存储 SGSN 号码，VLR 创建或者更新同 SGSN 的关联。

（11）如果在 VLR 中的用户签约数据被标记为未被 HLR 证实，新 VLR 将通知 HLR。HLR 删除老的 VLR 的数据，插入用户签约数据到新的 VLR。

（12）新 VLR 分配新的 TMSI，回应 Location Update Accept（带有 VLR 号码、TMSI）消息给 SGSN，如果 VLR 没有改变，TMSI 分配是可选的。

（13）新 SGSN 证实用户存在于新的路由区中，如果签约数据限制用户在此路由区附着或者签约数据检查失败，SGSN 应该拒绝用户附着请求，带上合适的原因值。如果所有签约数据检查通过，SGSN 为用户构造 MM 上下文。新 SGSN 回应用户路由更新接受消息（带有 P-TMSI、VL-RTMSI、P-TMSI 签名）。

（14）用户以附着完成消息给 SGSN 确认新分配的 TMSI。

（15）如果 TMSI 发生改变，SGSN 发生 TMSI 重分配完成消息给

VLR 以确认重分配的 TMSI。如果附着请求不能被接受 SGSN 回送附着拒绝消息带有 IMSI Cause 给用户。

77. MS 的主叫过程是如何实现的?

MS 的主叫过程大致分为四个阶段,如图 2-45 所示。

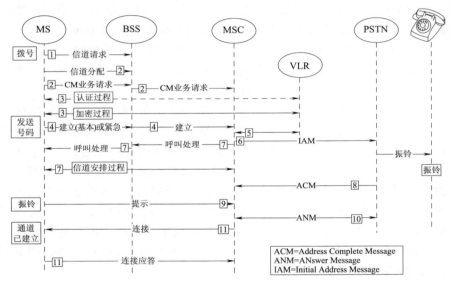

图 2-45　MS 主叫过程

(1)接入阶段

手机与 BTS(BSC)之间建立了暂时固定的关系。其过程包括:信道请求,信道激活,信道激活响应,立即指配,业务请求。

(2)鉴权加密阶段

该阶段主要包括:鉴权请求,鉴权响应,加密模式命令,加密模式完成,呼叫建立。经过这个阶段,主叫用户的身份已经确认,网络认为主叫用户是一个合法用户。

(3)TCH 指配阶段

该阶段主要包括:指配命令,指配完成。经过这个阶段,主叫用户的话音信道已经确定,如果在后面被叫接续的过程中不能接通,主叫用户可以通过话音信道听到 MSC 的语音提示。

(4)取被叫用户路由信息阶段

该阶段包括:向 HLR 请求路由信息,HLR 向 VLR 请求漫游号码,VLR 回送被叫用户的漫游号码,HLR 向 MSC 回送被叫用户的路由信息。MSC 接到路由信息后,对被叫用户的路由信息进行分析,得到被叫用户的局向,然后进行话路接续。

78. MS 的被叫过程是如何实现的?

移动台作被叫时,其 MSC 通过与外界的接口收到初始化地址消息(IAI)。从这条消息的内容及 MSC 已经存在 VLR 中的记录,MSC 可以取到如 IMSI、请求业务类别等完成接续所需要的全部数据。MSC 然后对移动台发起寻呼,移动台接受呼叫并返回呼叫核准消息,此时移动台振铃。MSC 在收到被叫移动台的呼叫校准消息后,会向主叫网方向发出地址完成(ADDRESS COMPLETE)消息(ACM)。如图 2-46 所示。

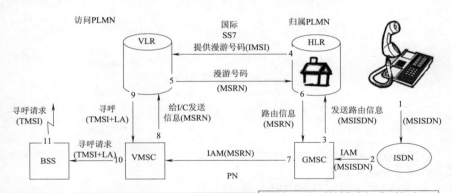

图 2-46　MS 寻呼详细过程

MS 的被叫过程大致分为四个阶段,如图 2-47 所示。

(1)接入过程

接入阶段包括:手机收到 BTS 的寻呼命令后,信道请求,信道激活,信道激活响应,立即指配,寻呼响应。经过这个阶段,手机与 BTS(BSC)之间建立了暂时固定的关系。

(2)鉴权加密阶段

该阶段主要包括:鉴权请求,鉴权响应,加密模式命令,加密模式完成,呼叫建立。经过这个阶段,被叫用户的身份已经确认,网络认为被叫用户是一个合法用户。

(3)TCH 指配阶段

该阶段主要包括:指配命令,指配完成。经过这个阶段,被叫用户的话音信道已经确定,主叫听回铃音,被叫振铃。如果被叫用户摘机,则进入通话状态。

(4)通话阶段与拆线阶段

用户摘机进入通话阶段。而拆线阶段可能主叫发起,也可能被叫发起。流程基本类似:拆线、释放、释放完成。没有发起拆线的用户会听到忙音。释放完成,用户进入空闲状态。

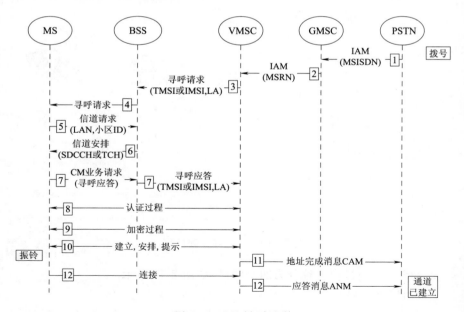

图 2-47　MS 被叫过程

79. GPRS 附着过程是如何实现的?

MS 通过附着过程登录到 GPRS 网络,从而能够进行位置区的更新,能够发起数据传送和接收过程。移动用户进行 GPRS 附着之后才能获得 GPRS 业务的使用权。在附着过程中,MS 将提供身份标识以及附着类型。

GPRS 附着通过 SGSN 进行,其过程是这样实现的:MS 通过 PCU 进行接入控制和信道分配;通过 SGSN 和 HLR 进行鉴权管理,并从 HLR 中获得用户签约信息,最终在 MS、HLR 与 SGSN 内部形成有关用户的移动管理信息。MS 附着过程如图 2-48 所示。

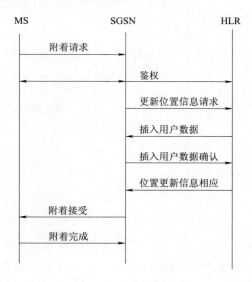

图 2-48 MS 附着过程

MS 在未进行附着之前脱离 GPRS 网络,处于空闲(idle)状态,不能进行任何数据业务操作。附着之后用户得到临时身份识别号 TLLI,并在 MS 与 SGSN 之间建立起逻辑链路,变为就绪(ready)状态,可以进行 PDP 上下文激活过程,进行 IP 地址的申请。

80. GPRS PDP 上下文激活过程时如何实现的?

PDP 指的是分组数据规程(Packet Data Protocol)。PDP 上下文包括与某个接入网络(APN)相关的地址映射还有路由信息。移动用户通过激活 PDP 上下文得到动态地址来随时通过 GGSN 接入特定数据网络。

PDP 上下文激活流程如图 2-49 所示。

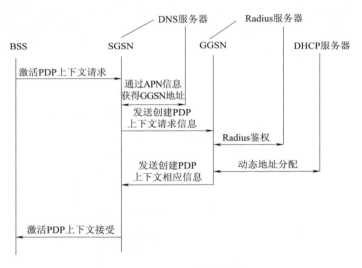

图 2-49 PDP 上下文激活流程

首先,MS 发送 PDP 上下文激活请求信息到 SGSN。

然后,SGSN 根据 APN(接入点名称,它与特定的业务类型和企业网相关)判断可接入性,并通过 DNS 得到相应的 GGSN 地址,再通过 Gn 接口转发 PDP 激活请求信息到 GGSN。

最后,由 GGSN 控制进行动态地址分配和接入认证过程。如果 APN 介入允许,MS 与 SGSN,SGSN 与 GGSN 之间 QoS 协商通过,并且 Radius 认证过程能够通过,则 MS 将得到 IP 地址,并在 MS 与相应的 SGSN 和 GGSN 中形成 MS 的相关 PDP 上下文信息。

二、TD-SCDMA

(一)基础与原理

81. 什么是 TD-SCDMA？什么是 WCDMA？什么是 CDMA2000？它们技术方面的异同点是什么？

TD-SCDMA（Time Division-Synchronous Code Division Multiple Access），即时分同步的码分多址技术，是 ITU 正式发布的第三代移动通信空间接口技术规范之一。TD-SCDMA 是集 CDMA、TDMA、FDMA 技术优势于一体的系统容量大、频谱利用率高、抗干扰能力强的移动通信技术。国际上目前最具代表性的第三代移动通信技术标准有三种，它们分别是 CDMA2000，WCDMA（WidebandCDMA）和 TD-SCDMA，其中，CDMA2000 和 WCDMA 属于 FDD 方式，TD-SCDMA 属于 TDD 方式（即系统的上、下行工作于同一频率，通过不同时隙区分）。

TD-SCDMA 时、频、码域示意如图 2-50 所示。

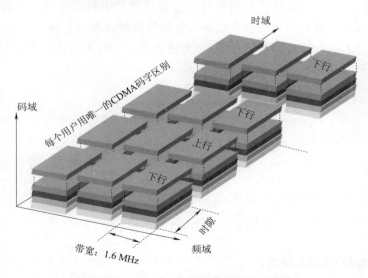

图 2-50　TD-SCDMA 时、频、码域示意图

82. TD-SCDMA 在我国可采用的频段有哪些?

根据 ITU 的规定,TD-SCDMA 使用 2 010~2 025 MHz 频率范围。

工作带宽:15 MHz,共 9 个载波,每 5 MHz 含 3 个载波。

载波中心频率:

2 010.8 MHz、2 012.4 MHz、2 014.0 MHz;

2 015.8 MHz、2 017.4 MHz、2 019.0 MHz;

2 020.8 MHz、2 022.4 MHz、2 024.0 MHz。

信道带宽:1.6 MHz。

码片速率:1.28 Mchip/s。

扩频方式:直接扩频码分多址 DS-CDMA。

83. TD-SCDMA 系统优势有哪些?

(1)TD 即时分双工技术,不需要成对的频率。

(2)上下行在同一个频率的不同时隙发送,上下行的无线路径损耗可以认为是一致的,这样使利用上行无线信号估算下行信号的大小和方向成为可能,于是智能天线波束赋形的各种算法得以有效实现。

(3)上下行的时隙配比可调,非常适合于上下行不对称的业务。

TD-SCDMA 含义如图 2-51 所示。

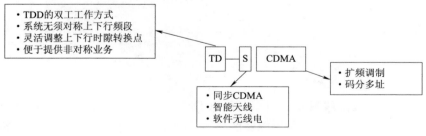

图 2-51　TD-SCDMA 含义

84. 什么是 CDMA 技术?

CDMA 直译为码分多址,是在数字通信技术的分支扩频通信基础上发展起来的一种技术。所谓扩频,简单地说就是把频谱扩展。码分多址(CDMA)技术是移动通信系统中所采用的多址方式之一。

由于多址方式直接影响到移动通信系统的容量,所以采用何种多址方式,更有利于提高这种通信系统的容量,一直是人们非常关心的问题,也是当前研究和开发移动通信的热门课题。经过多年的理论和实践证明,三种多址方式中:FDMA 方式用户容量最小,TDMA 方式次之,而CDMA 方式容量最大。理论表明 CDMA 系统扩频信号具有强抗扰特性,可用来提高系统容量。

85. TD-SCDMA 中的 S 代表什么含义?

S 包含了三重含义:同步 CDMA(Sychronization CDMA)、智能天线(Smart Antenna)和软件无线电(Software Defined Radio)。

86. TD-SCDMA 系统为什么必须网络同步?

所谓同步,就如在药品生产线上,从散装的药粒到包装成盒的药品,都是由不同的机械手完成的,各个不同工序的先后顺序,相对时间间隔必须保持一致,否则程序就会混乱。TD-SCDMA 采用 TDD 的双工技术,对于上下行物理信道来说,是非常讲究时间同步的。

基站间同步:如图 2-52 所示,有两个相邻基站和一部手机,手机处于基站 1 覆盖区。如果基站间没有时间同步,那么某个时刻,基站 1 可能正在接收手机信号,而基站 2 正在发送信号。由于基站和手机使用相同频率发射信号,那么基站 1 就分辨不清楚收到的信号到底是不是来自手机。由此可见,在 TD-SCDMA 系统中,基站间同步非常重要。

上行同步:指的是同一时隙内的不同用户的信号同步到达基站接收机,如图 2-53 竖线所示。对于 TD-SCDMA 系统,同一个时隙里有多个用户同时接入,基站之所以能够区分同一时隙的不同用户,是因为有扩频码作为区分。如果这些用户的信号同步到达,那么由于扩频码的正交性,可以排除其他用户干扰。如果如果这些用户的信号不同步到达,那么由于由于失去扩频码的正交性,而产生用户干扰。

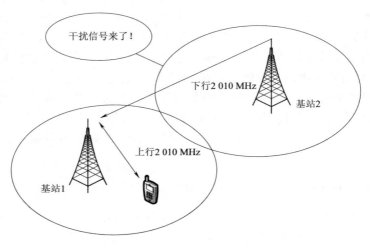

图 2-52　TD-SCDMA 基站同步

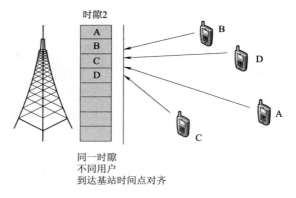

同一时隙
不同用户
到达基站时间点对齐

图 2-53　TD-SCDMA 上行同步

87. TD-SCDMA 终端是如何实现与系统的同步的？

手机开机之后，必须首先建立下行同步。如果连基站的位置在哪里，有些什么样的系统信息都不知道，想建立上行同步是不可能的。

下行同步过程：UE 接收来自基站的同步信号，确定接收参考定时，发出接入请求。

当建立了下行同步之后,虽然手机可以收到基站信息,但它与基站间的距离却是未知的。

上行同步过程:手机在间隔一段时间之后,会在上行同步这个特殊的时隙上发射一串特殊的内容固定的码字,也叫做上行同步序列。基站接收到这串序列后,就会进行比对,根据码延迟的位置和功率减少的多少来决定手机接下来的发射功率和时间调整值,并通知手机。如图 2-54所示。

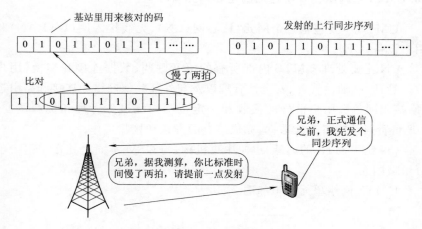

图 2-54　TD-SCDMA 终端上行同步流程

88. TD-SCDMA 所采用的关键技术有哪些?

TD-SCDMA 所采用的关键技术有时分双工;智能天线;联合检测;上行同步;接力切换;动态信道分配。

(二)网络架构

89. 什么叫 UMTS?

UMTS(Universal Mobile Telecommunication System),中文为全球移动通信系统,是第三代全球移动通信系统总称。一个庞大的系统想要有序高效地运作，必须保证组织内每个成员能够各司其责，相互配合。想要做到这一点，这个组织必须具备以下三点：

(1)各个成员职责明确（网元功能定位清晰）；

(2)成员之间沟通顺畅（接口协议标准）；

(3)资源分配高效合理（无线资源管理）。

UMTS 描述的就是整个组网的结构。

90. UMTS 组网结构及所包括的主要网元有哪些？

UMTS 主要包括三个网元：核心网（CN）、无线接入网（UTRAN）和用户设备（UE）。

CN 主要处理 UMTS 内部所有的语音呼叫、数据连接和交换、用户数据管理、移动性管理、安全性管理以及与外部其他网络的连接和路由选择；接入网负责用户信号的接收和一定范围内部事务管理和资源调度；UE 负责通话或者交换数据，完成信息的发送和接收工作。

CN 是 UMTS 的朝廷，也叫中央机构，与 GSM 不同之处在于引入了分组域网元。

UMTS 网络单元比拟如图 2-55 所示。

图 2-55　UMTS 网络单元比拟

91. 什么叫 UTRAN？

UTRAN(Universal Telecommunication Radio Access Network)，即全球通信接入网，完成所有与无线有关的功能，即通常所说的空中接口。UTRAN 是 UMTS 网络的一部分。

92. UTRAN 所包括的主要网元及架构是什么？

在 UTRAN 内部，包括第三代的无线网络子系统（RNS：Radio Network Subsystem）和用户设备 UE。RNS 包括无线网络控制器（RNC）和一个或多个 Node B。UE 是 UMTS 服务和管理的子民。UTRAN 完成的功能包括终端用户的接入功能、移动性相关功能、无线资源管理和控制等，还包括最基本的功能，3G 无线信道的编码、解码、扩频、调制等功能。

Node B 可以处理一个或多个小区，并通过 Iub 接口与 RNC 相连。RNC 之间通过 Iur 进行信息交互，Iur 接口可以是 RNCs 之间物理上的直接连接，也可以靠通过任何合适传输网络的虚拟连接来实现。

UTRAN 网络单元如图 2-56 所示。

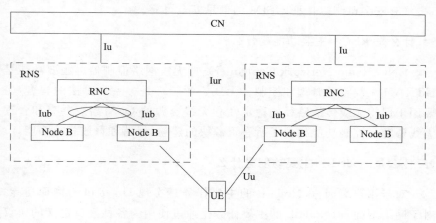

图 2-56　UTRAN 网络单元

93. 什么是 UE？主要功能是什么？

UE(User Equipment)是 UMTS 服务和管理的子民，和 GSM 时代的移动台比较，它的功能更加强大，支持的业务类型更加多样化，如话音、数据通信、Internet 等。UE 类型也增加了，除了传统手机用户、车载台用户，还有数据卡用户、上网本用户等多种类型的用户。

UE 功能分为两部分：提供应用和服务的 ME(Mobile Equipment)和提供用户身份识别 USIM(Universal Subscriber Identity Module)。

UE 通过 Uu 接口与无线网络设备进行数据交换，为用户提供 CS 域和 PS 域内各种业务功能，主要包括射频处理单元、基带处理单元、协议栈模块和应用层软件模块等。

移动设备(ME)用于完成语音或数据信号在空中的接收和发送，它包含两个方面的内容：

(1)支持无线接入以及相关功能；

(2)支持端到端的应用。

用户识别模块(USIM)用于识别唯一的移动台使用者。主要功能是：

(1)对 USIM 的规范信息能通过空中接口以安全的模式更新；

(2)用户鉴权；

(3)安全机制以保证 USIM 的信息安全可靠。

94. 什么是 RNC？主要功能是什么？

RNC(Radio Network Controller)，即无线网络控制器。主要功能是 UTRAN 无线资源管理和控制。无线资源管理是一系列算法的集合，主要用于保持无线传播路径的稳定性和无线资源的 QoS，高效共享和管理无线资源。控制功能包含了所有资源块的建立、保持和释放相关功能。

95. 什么是 Node B？主要功能是什么？

对于用户端而言，Node B 的主要任务是实现 Uu 接口的物理功能；对于网络端而言，Node B 的主要任务是通过使用为各种接口定义的协议栈来实现 Iub 接口的功能。

通过 Uu 接口，Node B 可以实现 TD-SCDMA 无线接入物理信道的功能，并把来自传输信道的信息根据 RNC 的安排映射到物理信道。

96. UTRAN 包含的网元及协议、功能是什么？

RNC 和 Node B 跟一个物流公司几乎有着完全相同的组织架构。在这里物流中心好比 RNC，配送中心好比 Node B。配送中心的运输大队好比物理层,物理层存在于 Node B 中。物流中心的调度科好比 MAC (Media Access Control,媒体接入控制层)。调度科根据货物量大小有效给运输大队分配资源,MAC 层根据数据流的多少给物理层分配资源。物流中心的质检科好比 RLC(Radio Link Control,无线链路控制层)。质检科给货物分批打包,如果客户反映没收到货,就给客户重发。RLC 主要作用在于承接上层的数据,将其分割成一个个数据包,如果手机丢失数据就反馈到 RLC 层,RLC 层将重新发送数据给手机。RRC(Radio Resource Control,无线资源控制层)负责切换和功率控制,保证了空口的链路可靠性。RRC 还可以根据自身的负荷情况对空中接口进行负荷和接纳控制。

UTRAN 网元功能如图 2-57 所示。

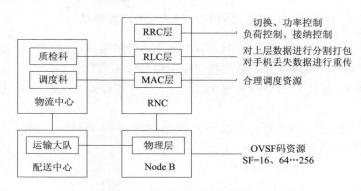

图 2-57　UTRAN 网元功能

97. 什么是物理信道、逻辑信道、传输信道? 它们之间的映射关系如何?

物理信道:承载传输信道的信息。

逻辑信道:MAC 子层向 RLC 子层提供的服务,它描述的是传送什么类型的信息。

传输信道:物理层向高层提供的服务,它描述的是信息如何在空中接口上传输。

逻辑信道、物理信道、传输信道的映射关系如图 2-58 所示。

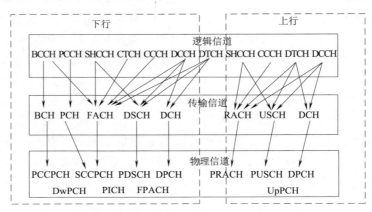

图 2-58　逻辑信道、物理信道和传输信道之间映射关系

98. 什么是 UTRAN 控制面协议和 UTRAN 用户面协议?

UTRAN 控制面协议控制不同的传输资源、切换、流量等;控制无线接入以及 UE 和网络之间的连接。控制面协议承载信令。

UTRAN 用户面协议实现无线接入业务,即通过接入层传送用户数据。用户面协议承载数据。

不同协议在 OSI 参考模型中的示意如图 2-59 所示。UTRAN 通用协议类型如图 2-60 所示。

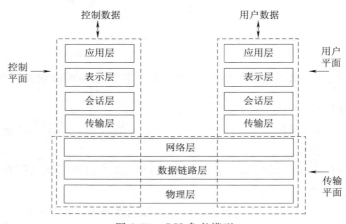

图 2-59　OSI 参考模型

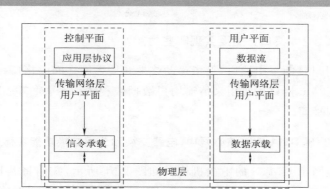

图 2-60 UTRAN 通用协议模型

99. 什么是 Iu 接口？主要实现哪些功能？

Iu 接口是连接 UTRAN 和 CN 的接口，也可以把它看成是 RNS 和核心网之间的一个参考点。它将系统分成用于无线通信的 UTRAN 和负责处理交换、路由和业务控制的核心网两部分。一个 CN 可以和几个 RNC 相连，而任何一个 RNC 和 CN 之间的 Iu 接口可以分成三个域：电路交换域（Iu-CS）、分组交换域（Iu-PS）和广播域（Iu-BC）它们有各自的协议模型。

功能：Iu 接口主要负责传递非接入层的控制信息、用户信息、广播信息及控制 Iu 接口上的数据传递等。

100. 什么是 Iub 接口？主要实现哪些功能？

Iub 接口是 RNC 和 Node B 之间的接口，完成 RNC 和 Node B 之间的用户数据传送、用户数据及信令的处理和 Node B 逻辑上的 O&M 等。

功能：管理 Iub 接口的传输资源、Node B 逻辑操作维护、传输操作维护信令、系统信息管理、专用信道控制、公共信道控制和定时以及同步管理。

101. 什么是 Iur 接口？主要实现哪些功能？

Iur 接口是两个 RNC 之间的逻辑接口。

功能：用来传送 RNC 之间的控制信令和用户数据。

102. 什么是 Uu 接口？主要实现哪些功能？

Uu 接口，即空中接口，是指移动终端和接入网之间的接口。

功能：Uu 接口主要用来传输用户数据或相关信令，对应分为用户平面和控制平面。

103. 在 TD-SCDMA 系统核心网中，电路交换和分组交换功能实体有哪些？

核心网是 UMTS 的中央机构。如图 2-61 所示，我们将其比喻作商务部、外交部、和公安部。商务部的职责是促进贸易。根据货物的不同，商务部分为电路域（CS）部门 MSC 和分组域（PS）部门 SGSN。

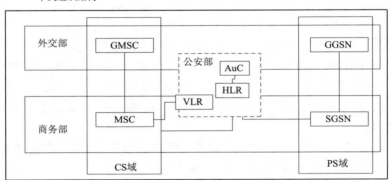

图 2-61　核心网网元实体及其功能

MSC 是 CS 域的重要职能部门，完成电路型呼叫的所有功能，包括控制呼叫接续功能（如同买卖双方的交易），终端的移动性管理如位置登记、越区切换和自动漫游等功能（如同跨省贸易的管理），终端用户通过出口网关（GMSC）与其他网络进行通信（如同出口贸易管理）。MSC 一方面可从 HLR、VLR、AuC 这 3 个数据库获取用户位置登记和呼叫请求所需的全部数据，另一方面也根据其最新获取的信息请求更新数据库的部分数据。

SGSN 是核心网 PS 域的重要职能部门，主要职责是完成分组型数据业务的会话管理功能（如同买卖双方的交易）和移动性管理功能（如同跨省贸易的管理），提供 IP 数据包到其他网元之间的传输通路和协议变换等功能。

GMSC、GGSN 相当于中央的外交部。外交部主要职能是和其他国家进行外交活动，无线网络外交部的主要工作是完成和其他网络的数据交换，也可分为 CS 域和 PS 域。GMSC 是负责 CS 域的部门，负责 CS 域与外部网络之间联系的网关节点。GMSC 完成的是跨网业务，完成与其他外部网络的呼入呼出的路由功能以及网间结算。

GGSN 是外交部掌管 PS 域外交工作的部门，是与其他数据网络的接口，提供数据分组在移动网和其他外部数据网之间的路由、封装及交换的服务，如同一台可寻址的 IP 路由器。

HLR 如同户口管理部门；VLR 如同暂住证管理部门；AuC 如同安全部门。三者都挂在公安部下。

MSC：Mobile Switching Center，移动交换中心。

SGSN：Serving GPRS Supporting Node，服务 GPRS 支持节点。

GMSC：Gateway Mobile Switching Center，网关移动交换中心。

GGSN：Gateway GPRS Support Node，网关 GPRS 支持节点。

HLR：Home Location Register，归属位置寄存器。

VLR：Visitor Location Register，访问位置寄存器。

AuC：Authentication Center，鉴权中心。

104. HLR（本地位置寄存器）主要实现哪些功能？

Home Location Register（HLR 本地位置寄存器）用来在移动网络中存储本地用户信息，实际上是一个数据库。HLR 同 MSC（移动交换中心，用来对呼叫控制或处理进行资源调配）可以进行互相通信。MSC 还用来作为 PSTN（公众电话网络，也就是固话网络）的信息介入点。

105. VLR（访问位置寄存器）主要实现哪些功能？

VLR 用来保留外地用户在本交换中心的临时信息。当用户进行呼叫时，交换设备会立即判断用户是否是本地用户，如果用户是外地访问用户,那么本地的 VLR 就会向 MSC 发送查询信号,寻找有关这个用户的相关信息。通过 MSC 与用户所在地 HLR 的通信,将相关信息传回 VLR 中。然后,VLR 将有关的路由信息再次反方向传回给 MSC,这样 MSC 就可以找到用户所在地的正确路由,最终建立起整个呼叫连接。整个呼叫过程都是建立在七号信令基础之上的。

106. AuC(鉴权中心)主要实现哪些功能?

鉴权中心主要验证每个移动用户的国际移动用户识别码是否合法。鉴权中心通过 HLR 向 VLR、MSC 以及 SGSN 这些需要鉴权移动台的网元发送所需的鉴权数据。

107. EIR(设备识别寄存器)主要实现哪些功能?

移动设备识别寄存器(EIR)存储着移动设备的国际移动设备识别码(IMEI)具有防止无权用户接入、监视故障设备的运行和保障网络运行安全的功能。

(三)协议应用

108. TD-SCDMA 网络业务应用有哪些?

(1)会话型业务:语音和可视电话;
(2)后台类业务:数据下载、图铃下载、E-mail 收发;
(3)流媒体业务:手机电视、交通监控、视频点播;
(4)交互类业务:在线游戏、网页浏览、定位业务。

109. 电路和分组多媒体业务应用实例有哪些?

电路型实时多媒体业务应用举例:实现可视电话终端与 PLMN (Public Land Mobile Network,公共陆地移动网络)或 PSTN(Public Switched Telephone Network,公共交换电话网络)、ISDN(Integrated Services Digital Network,综合业务数字网 ISDN)网络的可视电话终端之间的多媒体可视电话通信。

分组型实时多媒体业务应用举例：实现分组域上的点到点媒体会话和多点间媒体会议；非实时多媒体短消息业务。

110. 3G 用户终端上网登录服务器平台如何实现？

（1）用户发出 GPRS 登录请求，请求中包括由移动公司为 GPRS 专网系统分配的专网 APN（接入点，Access Point Name）；

（2）根据请求中的 APN，SGSN 向 DNS 服务器发出查询请求，找到与企业服务器平台连接的 GGSN，并将用户请求通过 GTP 隧道封装送给 GGSN；

（3）GGSN 将用户认证信息（包括手机号码、用户账号、密码等）通过专线送至 Radius 进行认证；

（4）Radius 认证服务器看到手机号等认证信息，确认是合法用户发来的请求，向 DHCP 服务器请求分配用户地址；

（5）Radius 认证通过后，由 Radius 向 GGSN 发送携带用户地址的确认信息；

（6）用户得到了 IP 地址，就可以携带数据包，对 GPRS 专网系统的信息查询和业务处理平台进行访问。

三、TD-LTE

（一）基础与原理

111. 什么是 LTE？什么是 IMT-A？什么是 TD-LTE？

LTE 是 Long Term Evolution（长期演进）的缩写。3GPP 标准化组织最初制定 LTE 标准时，定位为 3G 技术的演进升级。后来 LTE 技术的发展远远超出了预期，LTE 的后续演进版本 Release10/11（即 LTE-A）被确定为 4G 标准。IMT-A 是 International Mobile Telecommunications-Advanced（国际移动通信增强技术）的缩写。国际电信联盟把所有 4G 系统统称 IMT-A，包括 LTE-A 和 WiMax。LTE 根据双工方式不同，分为 LTE-TDD 和 LTE-FDD 两种制式，其中 LTE-TDD 又称为 TD-LTE。

112. TD-LTE 在全球范围内使用哪些频段？我国可采用的频段有哪些？

全球 TD-LTE 可使用频段 12 个,分别为:1 900～1 920 MHz,2 010～2 025 MHz,1 850～1 910 MHz,1 930～1 990 MHz,1 910～1 930 MHz,2 570～2 620 MHz,1 880～1 920 MHz,2 300～2 400 MHz,2 496～2 690 MHz,3 400～3 600 MHz,3 600～3 800 MHz,703～803 MHz。

我国为 TDD 划分了 4 个频段,分别为:2 010～2 025 MHz,1 880～1 920 MHz,2 300～2 400 MHz,2 496～2 690 MHz。

113. TD-LTE 系统性能目标有哪些？

(1)高速率:20 MHz 带宽内实现下行峰值速率超过 100 Mbit/s,上行峰值速率超过 50 Mbit/s。

(2)低时延:TD-LTE 系统要求业务传输的单向时延低于 5 ms,控制平面从驻留状态到激活状态的迁移时间小于 100 ms。

(3)频谱利用率明显提高:支持 1.25～20 MHz 的多种系统带宽对称或非对称灵活配置。提高了频谱利用率,是 3G 的 2～4 倍,下行链路 5 bit/s/Hz,上行链路 2.5 bit/s/Hz。

(4)全分组交换:取消电路交换域,采用基于全分组的包交换,语音由 VoIP 实现。

114. TD-LTE 与 LTE-FDD 主要区别是什么？哪个更适合移动互联网业务？

LTE 系统定义了频分双工(FDD)和时分双工(TDD)两种双工方式。FDD 是指在对称的频率信道上接收和发送数据,通过保护频段分离发送和接收信道的方式。TDD 是指通过时间分离发送和接收的信道,发送和接收使用同一载波频率下不同时隙的方式。时间资源在两个方向上进行分配,因此基站和移动台必须协同一致进行工作。

TDD 方式和 FDD 方式相比有一些独特的技术特点:

(1)频谱效率高,配置灵活。由于 TDD 方式采用非对称频谱,不需要成对的频率,能有效利用各种频率资源,满足 LTE 系统多种带宽灵活部署的需求。

（2）灵活地设置上下行转换时刻，实现不对称的上下行业务带宽。TDD 系统可以根据不同类型业务的特点，调整上下行时隙比例，更加灵活地配置信道资源，特别适用于非对称的 IP 型数据业务。但是，这种转换时刻的设置必须与相邻基站协同进行。

（3）利用信道对称性特点，提升系统性能。在 TDD 系统中，上下行工作于同一频率，电波传播的对称特性有利于更好地实现信道估计、信道测量和多天线技术，达到提高系统性能的目的。

（4）设备成本相对较低。由于 TDD 模式移动通信系统的频谱利用率高，同样带宽可提供更多的移动用户和更大的容量，降低了移动通信系统运营商提供同样业务下对基站的投资；另外，TDD 模式的移动通信系统具有上下行信道的互惠性，基站的接收和发送可以共用一些电子设备，从而降低了基站的制造成本。因此，与 FDD 模式的基站相比，TDD 模式的基站设备具有成本优势。

115. TD-LTE 所采用的关键技术有哪些？

（1）OFDM（正交频分复用，Orthogonal Frequency Division Multiplexing）是一种多载波正交调制技术，将高速串行数据流转换成低速并行数据流，每路数据流经调制后在不同的子载波上分别传输，各子载波频谱重叠但相互正交。

（2）MIMO（多天线，Multiple Input Multiple Output）是收发段都采用多个天线进行传输的方式，可以提高通信质量和数据速率。

（3）链路自适应技术：由于移动通信的无线传输信道是一个多径衰落、随机时变的信道，使得通信过程存在不确定性。链路自适应技术能够根据信道状态信息确定当前信道的容量，根据容量确定合适的编码调制方式，以便最大限度地发送信息，提高系统资源的利用率。

（4）网络架构扁平化：TD-LTE 去掉了 BSC/RNC 这个网络层，根本性地改善了业务时延。

116. TD-LTE 支持多少种带宽配置？

TD-LTE 系统可以支持 1. 4 MHz、3 MHz、5 MHz、10 MHz、15

MHz 和 20 MHz 的系统带宽,最大支持 20 MHz 带宽。

117. TD-LTE 时隙配比的作用是什么？是否需要全网配置相同的时隙配比？TD-LTE 和 TD-SCDMA 时隙如何配比才能同存,规避干扰？

TD-LTE 是一个时分双工(TDD)系统。TD-LTE 通过上下行时隙比例的调整,可以改变上下行传输资源比例,适应网络对不同的下载数据量和上传数据量需求。目前,TD-LTE 可支持 7 种不同的上下行时间比例分配。

在同一频段内,为避免上下行交叉时隙干扰,全网必须采用相同的时隙配比;在不同频段间,由于频段间的隔离,不存在上下行交叉时隙干扰问题,可以配置不同的时隙配比。

(二)网络架构

118. TD-LTE 网络结构及主要网元是什么？

整个 TD-LTE 系统由演进型分组核心网(EPC,Evolved Packet Core)、演进型基站(eNodeB)和用户终端设备(UE)三部分组成,如图 2-62所示。

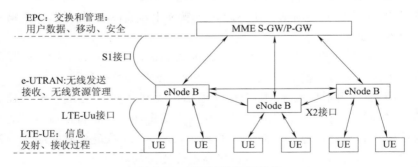

图 2-62　TD-LTE 网络架构

eNodeB 是 E-UTRAN 的唯一节点。eNodeB 在 NodeB 原有功能基础上,增加了 RNC 的物理层、MAC 层、RRC 层等功能。eNodeB 之间通过 X2 接口采用网格方式互联。

每个 eNodeB 又和 EPC 通过 S1 接口连接。S1 接口的用户面承载部分在 SAE Gateway(S-GW)实体中,包括 S-GW(服务网关,Serving-Gateway)、PDN-GW(数据网关,Packet Data Network-Gateway)。S1 接口的控制面承载部分在 MME(移动性管理设备,Mobility Management Entity)实体中。

119. 综合的 SAE-GW 功能有哪些?

从网元功能上看:S-GW 主要负责连接 e-NodeB 以及 eNodeB 之间的漫游/切换;P-GW 主要负责连接外部数据网,以及用户 IP 地址管理、内容计费、在 PCRF(策略和计费控制单元,Policy and Charging Rule Function)的控制下完成策略控制。

从用户媒体流的疏通上看:S-GW、P-GW 均负责用户媒体流的疏通;所有业务承载均是采用"eNodeB—S-GW—P-GW"方式,除了切换外,不存在"eNodeB—eNodeB"、"S-GW—S-GW"的业务承载。

120. TD-LTE 网络扁平化体现在哪里?

TD-LTE 对整个体系架构进行了大幅度简化。与 3G 网络相比,TD-LTE 取消了 RNC 节点,将 RNC 部分功能与 NodeB 合并,称为 eNodeB。

121. 什么叫做网络架构全 IP 化?

TD-LTE 核心网采用全 IP 的分布式结构,取消了电路域,仅支持分组域。

122. 什么是电路交换? 什么是分组交换?

电路交换:在发端和收端之间建立电路连接,并保持到通信结束的一种交换方式。因此在通信之前,电路交换要在通信双方之间建立一条被双方独占的物理通路。

分组交换:通过标有地址的分组进行路由选择传送数据,是信道仅在传送分组期间被占用的一种交换方式。分组交换采用存储转发传输方式,将一个长报文先分割为若干个较短的分组,然后把这些分组(携带源、目的地地址和编号)逐个发送出去。分组交换加速了数据在网络中的传输、简化了存储管理、减少了出错几率和重发数据量,信道资源采用统计复用的模式,提高了数据交换率,更适合移动互联网业务突发式的数据通信。

123. 什么叫做空中接口？

空中接口是指终端与接入网之间的接口,简称 Uu 口,通常也称为无线接口。在 TD-LTE 中,空中接口是终端和 eNodeB 之间的接口。空中接口协议主要用来建立、重配置和释放各种无线承载业务。空中接口是一个完全开放的接口,只要遵守接口规范,不同制造商生产的设备就能够互相通信。

124. 什么叫做空中接口协议栈？

空中接口协议栈主要分为三层两面,三层是指物理层、数据链路层、网络层,两面是指控制平面和用户平面。

125. 什么是空中接口控制平面？控制平面协议栈包括什么？对应的实体是什么？

控制平面负责用户无线资源的管理、无线连接的建立、业务的 QoS保证和最终的资源释放。

控制平面协议栈主要包括:非接入层(NAS,Non-Access Stratum)、无线资源控制子层(RRC,Radio Resource Control)、分组数据汇聚子层(PDCP,Packet Date Convergence Protocol)、无线链路控制子层(RLC,Radio Link Control)及媒体接入控制子层(MAC,Media Access Control),如图 2-63 所示。

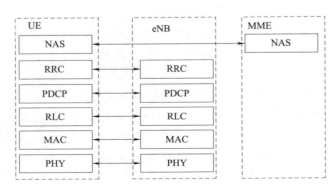

图 2-63　空中接口控制平面协议栈示意图

NAS 控制协议实体位于终端 UE 和移动管理实体 MME 内，主要负责非接入层的管理和控制。实现的功能包括：EPC 承载管理，鉴权，产生 LTE-IDLE 状态下的寻呼消息，移动性管理，安全控制等。

RRC 协议实体位于 UE 和 eNode B 网络实体内，主要负责接入层的管理和控制，实现的功能包括：系统消息广播，寻呼建立、管理、释放，RRC 连接管理，无线承载（RB，Radio Bearer）管理，移动性，终端的测量和测量上报控制。

126. 什么是空中接口用户面？用户平面协议栈主要包括什么？

用户面用于执行无线接入承载业务，主要负责用户发送和接收的所有信息的处理。

用户平面协议栈主要包括分组数据汇聚子层（PDCP，Packet Date Convergence Protocol）、无线链路控制子层（RLC，Radio Link Control）及媒体接入控制子层（MAC，Media Access Control），如图 2-64 所示。

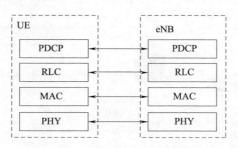

图 2-64　空中接口用户平面协议栈示意图

PDCP 主要任务是头压缩，用户面数据加密。RLC 实现的功能包括数据包的封装与解封装，即 ARQ 过程。MAC 子层实现与数据处理相关的功能，包括信道管理与映射、数据调度、逻辑信道的优先级管理等。

127. TD-LTE 引入哪些新的接口？ 主要实现哪些功能？

如图 2-65 所示，TD-LTE 引入以下接口：

(1)S1-MME:MME 和 eNB 之间的控制面接口,负责无线接入承载控制。

(2)S1-U:S-GW 与 eNB 之间的用户面接口,传送用户数据和相应的用户平面控制帧,同时在切换过程中负责 eNB 之间的路径切换。

(3)S6a:传递用户签约和鉴权数据。

(4)S10:MME 和 MME 之间的接口,用于跨 MME 的位置更新和切换。

(5)S11:控制相关 GTP 隧道,并发送下行数据指示消息。

(6)S5:管理用户面隧道,传递用户面数据。

(7)S8:和 S5 类似,漫游场景下 S-GW 和 P-GW 之间的接口。

(8)SGi:P-GW 和 IP 数据网络之间的接口。

(9)X2:eNB 和 eNB 之间的接口,用以传递 eNB 之间的信令和用户面数据。

LTE/EPC网络元素

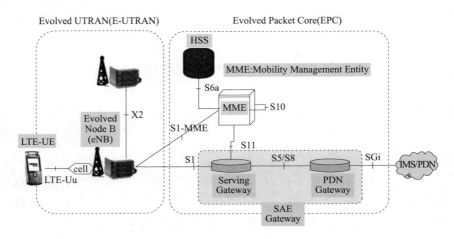

图 2-65 TD-LTE 网络接口连接图

128. 什么是 e-NodeB? 它有什么主要功能?

e-NodeB 简称 eNB,是 LTE 网络中的无线基站,负责空中接口相关的所有功能：无线链路维护功能，保持与终端间的无线链路，同时负责无线链路数据和 IP 数据之间的协议转换；无线资源管理功能，包括无线链路的建立和释放、无线资源的调度与分配；部分移动性管理功能，包括对配置终端进行测量、评估终端无线链路质量、决策终端在小区间的切换。

129. LTE 核心网结构是什么？

LTE 继承了控制和承载分离的思想，信令由 MME 实体负责，数据由 S-GW 实体承载，核心网结构如图 2-66 所示。

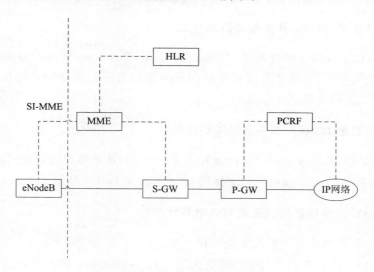

图 2-66　TD-LTE 核心网结构

130. 什么是 MME？其主要功能是什么？

MME（Mobility Management Entity，移动性管理实体）是 EPC 核心网信令交互的控制节点，主要完成 UE 接入控制、UE 移动性管理、会话管理等功能。

131. 什么是 S-GW？其主要功能是什么？

S-GW 为 LTE 核心网的服务网关，功能包括：用作用户在 3GPP 网间/网内切换的锚点、eNodeB 与 P-GW 间数据路由和转发、寻呼触发、计费、合法监听等功能。

132. 什么是 P-GW？其主要功能是什么？

P-GW 是 LTE 核心网数据网关，充当外部数据连接的边界网关，主要功能包括：承载控制、UE 的 IP 地址分配、计费、QoS 控制等。

133. 什么是 HLR？其主要功能是什么？

HLR（归属位置寄存器，Home Location Register）是负责移动用户管理的数据库，它负责存储所管辖用户的签约数据及移动用户的位置信息，可为主叫提供路由信息。

134. 什么是 PCRF？其主要功能是什么？

PCRF（Policy and Charging Rule Function）是策略和计费规则功能。PCRF 用来确定应该给用户怎样的 QoS 并通知 P-GW 执行。

135. EPC 与外部数据网互联方式都有什么？

包括透明接入方式与非透明接入方式：

（1）透明接入方式：EPC 网络为用户提供 Internet 接入服务，P-GW 的 SGi 接口直接接入 Internet；

（2）非透明接入方式：EPC 网络与其他 ISP 或企业内部网连接，P-GW 支持接入 Radius 服务器，并具有用户认证等功能。

（三）协议应用

136. 为什么要进行小区重选？

当 UE 处于空闲状态，在小区选择之后它需要持续地进行小区重选，以便驻留在优先级更高或者信道质量更好的小区。网络通过设置不同频点的优先级，可以达到控制 UE 驻留的目的；同时，UE 在某个频点上将选择信道质量最好的小区，以便提供更好的服务。

小区重选分为同频小区重选和异频小区重选。同频小区重选可以解决无线覆盖问题；异频小区重选不仅可以解决无线覆盖问题，还可以通过设定不同频点的优先级来实现负载均衡。

137. 什么叫做小区切换？它是如何分类的？

LTE 系统是蜂窝移动通信系统，当用户从一个小区移动至另一个小区时，与其连接的小区将发生变化，执行切换操作。

按照源小区和目标小区的从属关系和位置关系，可以将切换做如下的分类：

（1）LTE 系统内切换，包括：eNodeB 内切换、通过 X2 的 eNodeB 间切换和通过 S1 的 eNodeB 间切换。

（2）LTE 与异系统之间的切换：由于 LTE 系统与其他系统在空口技术上根本性的不同，从 LTE 小区切换到其他系统的小区时，UE 不仅需要支持 LTE 的 OFDM 接入技术，还需要支持其他系统的空口接入技术。可能出现的情形包括但不限于以下几类：LTE 与 GSM 之间的切换、LTE 与 UTRAN 之间的切换、LTE 与 WiMAX 之间的切换。

138. 切换过程中涉及到的信令以及切换流程是怎么样的？

当 UE 从一个 eNodeB 的小区切换至另一个 eNodeB 的小区时，两个 eNodeB 通过 X2 接口发生一系列的信令交互，配合切换完成，如图 2-67 所示，这个信令流程是在 eNodeB 内为切换建立资源。通过源 eNodeB 发送切换请求消息到目标 eNodeB 开始切换流程。

当 UE 从一个 eNodeB 的小区切换到另一个 eNodeB 的小区时，源端和目标端的 eNodeB 会通过 S1 接口同 MME 发生一系列的信令交互，配合切换完成，如图 2-68、图 2-69 所示。S1 接口切换准备流程的作用是源 eNodeB 侧判决需要发起切换，并准备向目标侧进行切换，通过 MME 请求目标侧 eNodeB 准备相关切换资源的分配。

  UE 从一个小区切换到另一个小区,等到目标小区的资源一切准备就绪,会向 UE 发送空口消息,要求 UE 执行切换动作,与新小区之间建立无线链路,并释放与源小区之间的无线链路,UE 收到 RRC 连接重新配置消息,UE 执行此消息 UE 的 RRC 层识别到此消息为移动性管理的相关信息,对 UE 的 L1、L2 进行重配置。重配置完成后,UE 会回复 RRC 重新配置完成消息。如图 2-70 所示。

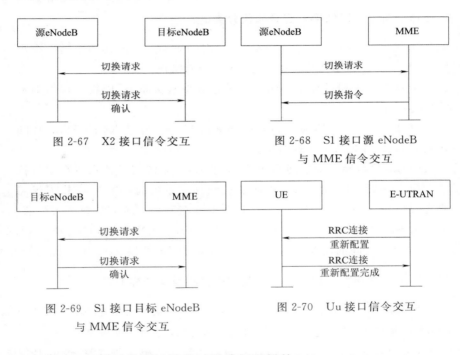

图 2-67　X2 接口信令交互

图 2-68　S1 接口源 eNodeB
与 MME 信令交互

图 2-69　S1 接口目标 eNodeB
与 MME 信令交互

图 2-70　Uu 接口信令交互

139. TD-LTE 终端的开机搜索过程是怎么样的?

  终端开机搜索过程包括选网、小区选择及小区搜索三部分。选网是终端对搜索到的所有无线网络按照已经确定好的优先级规则,选择相应的网络。在 UE 选择了网络后,UE 根据自身支持的无线接入技术及对所有的频段进行扫描来搜索是否有满足驻留条件的小区。在与合适的小区完成同步后,便可以在该小区驻留下来发起附着或者位置更新流程,完成上述步骤后,终端才能在网络下发起业务请求。

140. TD-LTE 的小区搜索过程是怎么样的?

终端在开机或脱网后需要启动小区搜索过程,一般为全频段盲搜索或指定频点集的搜索。对于通信系统而言,同步非常重要,由于通信系统传递的都是"0"、"1"的码流,如果在时间上没有统一标准,不同步的话,接下来将无法正确接收数据。

在 TD-LTE 系统中,同步分为两部分,即主同步信号(PSS)、辅同步信号(SSS)。PSS 用来对时隙进行定界,SSS 用来对帧的边界位置进行敲定,还可以得到小区识别号。

接下来为了保证接收信号的质量,需要对接收信号进行校正。导频起到了这样的作用。导频信号是一串收发双方都知道的固定序列。导频信号发送后可能会有失真。接收端通过比对后,就知道问题出自哪里,可以对信道进行校正。

完成以上两步后,就要收听系统信息了。在 LTE 中,是利用 PBCH(物理广播信道,Physical Broadcast CHannel)来传播系统消息的。当终端获得足够的系统信息后,小区搜索过程即完成。

四、WLAN

(一)基础与原理

141. 无线宽带接入技术标准主要有哪些?

无线宽带接入技术标准主要有四种:(1)无线广域网(WWAN,Wireless Wide Area Network)技术,以 IEEE 802.20 为代表;(2)无线城域网(WMAN,Wireless Metropolitan Area Network)技术,以 WiMAX(IEEE 802.16)为代表;(3)无线局域网(WLAN,Wireless Local Area Network)技术,以 Wi-Fi(IEEE 802.11)为代表;(4)无线个域网(WPAN,Wireless Personal Area Network)技术,以 UWB(IEEE 802.15.3)为代表。如图 2-71 所示。

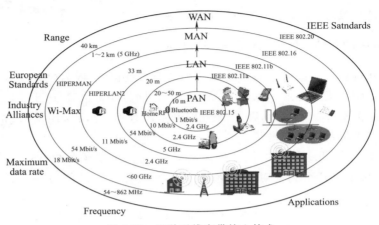

图 2-71　四种无线宽带接入技术

142. 什么是 WLAN？

WLAN(Wireless Local Area Networks)是指利用无线通信技术在局部范围内建立的网络,是计算机网络与无线通信技术相结合的产物。WLAN 以无线多址信道为传输介质,提供传统有线局域网(LAN,Local Area Network)的功能,使用户摆脱线缆的束缚,可随时随地接入 Internet。与传统网络相比,WLAN 网络具有灵活性强、安装简单、部署成本低、扩展能力好等优点,已经在教育、金融、酒店及零售业、制造业等各领域有了广泛的应用。如图 2-72 所示为其示意图。

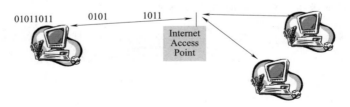

图 2-72　WLAN 网络示意图

143. WLAN 与传统有线宽带网络相比较有哪些优点？

相比传统的有线接入方式,WLAN 技术使网络更自由、便捷。首先,

WLAN 使用户摆脱了线缆和端口位置的束缚,并且 WLAN 便于携带,易于移动,使用户可以在 WLAN 服务的范围内随时随地轻松接入网络。其次,WLAN 建设施工周期短,维护成本低,一般只需安放一个或多个接入点设备就可实现局域网络的覆盖。其优势如图 2-73 所示。

凡是自由空间均可连接网络,不受限于线缆和端口位置。

办公大楼   候机大厅

渡假山庄   商务酒店

地理环境不适合布设有线网络

终端与设备之间不方便通过线缆

不受限于时间和地点的无线网络,满足各行各业对于网络应用的需求。

图 2-73

体育场馆新闻中心　　　　　　　　展馆与证券大厅

制造车间　　　　　　　　　　　物流运输

图 2-73　WLAN 的优势

144. Wi-Fi 是什么？WLAN 与 Wi-Fi 的区别是什么？

现在很多人将 Wi-Fi 与 WLAN 混为一谈，其实 Wi-Fi 只是 WLAN 技术的一部分。WLAN 有两个典型标准，一个是 IEEE802 标准化委员会下第 11 标准工作组制订的 IEEE802.11 系列标准，另一个是欧洲电信标准化协会 ETSI 下的宽带无线电接入网络 BRAN 小组制订的 HiperLAN 系列标准。IEEE802.11 系列标准由 Wi-Fi 联盟负责推广，使用 IEEE802.11 系列协议的局域网称为 Wi-Fi。它在无线局域网的范畴是指"无线相容性认证"，实质上是一种商业认证，人们习惯用它来代指无线联网技术。如图 2-74 为 Wi-Fi 标志。

图 2-74　Wi-Fi 标志

145. Wi-Fi 联盟是什么？

Wi-Fi 联盟（Wi-Fi Alliance）是成立于 1999 年的一个非营利性商业联盟，总部位于美国得克萨斯州奥斯汀。如图 2-75 所示为其标志。Wi-

Fi 联盟拥有 Wi-Fi 商标,负责 Wi-Fi 的认证和商标授权工作,主要目的是在全球推行 Wi-Fi 产品的兼容认证,其发展基于 IEEE 802.11 标准的无线局域网技术。截止到 2011 年 4 月,Wi-Fi 联盟成员已达到 322 家之多,其中包括 12 个中国区会员。

图 2-75　Wi-Fi 联盟认证标志

146. WLAN 的主要特点是什么?

WLAN 的特点主要体现在:(1)移动性。无线就意味着可能移动,无线局域网的明显优点就是提供了移动性,通信范围不再受环境条件的限制,拓宽了网络传输的地理范围。(2)灵活性。无线局域网安装容易,使用简便,组网灵活可以将网络延伸到线缆无法连接的地方,并可方便地增减、移动和修改设备。(3)可伸缩性。在适当的位置放置或添加接入点或扩展点就可满足扩展组网的需要。(4)经济性。无线局域网可以快速组网,节省布线工序及人员费用,可以实现低成本、快速的实现局域网络的建设和使用。

同时,WLAN 也有缺点:(1)覆盖范围小。无线局域网的低功率和高频率限制了其覆盖范围,室外型设备的最大发射功率为 500 mW,覆盖半径 30~50 m;室内型设备的最大发射功率为 100 mW,覆盖半径 50~100 m。(2)工作频段位于自由频段,易受干扰。WLAN 工作于 2.4 GHz 的 ISM(工业、科学和医疗)频段,此频段为非授权频段,蓝牙设备、Zigbee 等设备都可以使用,干扰较严重。(3)服务质量难以保证。WLAN 使用分布式协调功能 DCF 协议,随机竞争信道,多个终端共享带宽,缺少服务质量机制,高负载条件下无法保证单个用户的服务质量。(4)安全问题。WLAN 空中接口开放,安全等级较低,易造成用户信息的泄密。

147. 固定、移动、便携、游牧几种接入方式的差别是什么?

这四种方式的差别主要体现在用户设备在进行网络通信时,地理位置是否移动以及移动速度方面。

（1）固定接入：在作为网络用户期间，用户设置的地理位置保持不变。

（2）移动接入：用户设备能够以车辆速度（一般取 120 km/h）移动时进行网络通信。当发生切换（即用户到不同蜂窝小区）时，通信仍然是连续的。

（3）便携接入：在受限的网络覆盖面积中，用户设备能够以步行速度移动时进行网络通信，提供有限的切换能力。

（4）游牧接入：用户设备的地理位置至少在进行网络通信时保持不变，一旦用户设备移动了位置（改变了蜂窝小区），当再次进行通信时就需要重新寻找最佳的基站。如图 2-76 所示为无线接入技术应用场景示例。

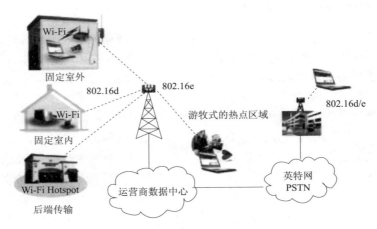

图 2-76　无线接入技术应用场景示例

148. WLAN 与 GPRS/EDGE 有何异同？

GPRS/EDGE 网络可以在室内、室外、静止或高速运动中提供无线上网服务，GPRS 上网的速率一般为 30～40 kbit/s，EDGE 上网的速率一般为 60～120 kbit/s。WLAN 网络覆盖一般在室内，最高上网速率可达 54 Mbit/s。与 GPRS/EDGE 相比，WLAN 的接入速率较高，小范围内组网灵活，并且上网成本较低，性价比较高。二者速率比较见表 2-4。

表 2-4　WLAN 和 GPRS 速率比较

单(载波或 AP)属性/网络类型	GPRS	WLAN
仅一个用户最高下载速率	236.8 kbit/s	24.4 Mbit/s
支持共享用户数	6	20
共享速率最低	79 kbit/s	1 249 kbit/s

149. WLAN 与 3G 上网卡上网的区别是什么？

WLAN 指的是在某些特定区域通过安装 AP 来实现一定范围(一般半径为 100 m)内的无线覆盖。用户上网时是利用终端设备内置或外置的 WLAN 网卡通过射频信号连接到 AP 上,进而实现互联网接入。其无线信号一般工作在 2.4 GHz 频段上,信号覆盖能力有限,用户不能距离 AP 太远。但是其网络接入速率较高,同时上网成本较低,一般按照时长计费。

3G 上网卡是指移动蜂窝网络上的上网设备,包括中国电信运营的 EV-DO(Evolution-Data Only)、中国移动运营的 TD-SCDMA(Time Division Synchronous Code Division Multiple Access,时分同步码分多址)、中国联通运营的 WCDMA(Wideband Code Division Multiple Access,宽带码分多址)3 种制式,如图 2-77 所示为其示意图。3G 上网卡主要通过室外的宏基站以及室内的分布系统来接入移动通信网络,一般工作在 2 GHz 频段(中国电信天翼工作在 800 MHz),网络覆盖范围较广,但同时使用成本比 WLAN 高。

图 2-77　3G 上网卡

总体上讲,3G 网络覆盖范围广,但是上网速率不及 WLAN,同时使用成本较高。而 WLAN 覆盖区域小,但服务区内速率高,同时使用成本较 3G 低,两者可以互为补充。

150. 中国移动 WLAN 网络定位是什么?

中国移动全业务网络发展战略中的一项重要内容就是 WLAN,它将在较长时间内成为蜂窝网络的重要补充,不仅在现在的 3G 时代,在未来的 LTE 时代仍将占据数据业务的半壁江山。目前 WLAN 主要覆盖于数据流量密集的地区。

151. WLAN 能在高速移动状态中使用吗?

当用户终端始终在一个无线接入点 AP 的覆盖范围内移动时,WLAN 业务可以正常使用;当用户能与 AP 之间保持相对静止时(如高速列车和飞机客舱内),WLAN 的服务质量也可以保证;当用户相对 AP 产生较大绝对位移时(如高速公路上),基本上无法使用 WLAN 业务。

152. 家用 WLAN 和运营商部署的 WLAN 有何区别?

WLAN 最早应用于家用 WLAN 网络,采用无线路由器,设备成本低,稳定性一般;后来发展到运营级的 WLAN,网络结构更为复杂,规模更加庞大,运营和管理就变得很重要,设备稳定性大幅提升,但是造价也比家用无线路由器高。家用 WLAN 的特点有:设备少、流量小、干扰小、不涉及漫游。如图 2-78 为家用 WLAN 组网方式。运营商部署的 WLAN 的特点有:设备多、流量大、干扰复杂、存在漫游。相比家用 WLAN,运营商部署的 WLAN 设备是为高密度业务应用设计的,数据吞吐量大,设备的接收灵敏度更高,覆盖范围更大,并拥有更完善的网络管理系统。如图 2-79为运营商 WLAN 组网方式。

图 2-78　家用 WLAN 组网方式

图 2-79　运营商 WLAN 组网方式

153. 什么是中国移动 Wi-Fi?

中国移动 Wi-Fi 业务是中国移动面向商务人士与集团客户推出的基于 Wi-Fi 终端通过无线局域网宽带无线接入互联网/企业网获取信息、娱乐或移动办公的业务。只要用户的笔记本电脑支持 Wi-Fi 功能,打开无线网络连接,搜索到 CMCC 信号即可登录连接 Wi-Fi 网络开启无线上网体验。如果想用手机 Wi-Fi 上网,首先确认手机是否具备 Wi-Fi 功能。如果用户的手机具备 Wi-Fi 功能,可尝试用手机使用中国移动 Wi-Fi。Wi-Fi 热点是指无线网络的发射点就像移动的信号塔一样,有信号覆盖的地方就可以通过指定的账号和密码登录无线上网。截至目前,中国移动 Wi-Fi 热点已达到 422 万个,预计到 2015 年,Wi-Fi 热点数量将达到 600 万。

154. WLAN 演进的特点是什么?

WLAN 演进主要有四条主线:(1)速率方 802.11(2 Mbit/s)→802.11b (11 Mbit/s)→802.11g/a(54 Mbit/s)→802.11n(320 Mbit/s);(2)安全提升:WEP→WEA→WEA2(802.11i)或者 WAPI;(3)应用优化,包含一系列针对应用的标准:802.11e(QoS)、802.11r(快速漫游)、802.11f(无缝漫游)、802.11h(自动频率选择和发送功率控制)等;(4)自主管理→集中管理。

155. WLAN 的无线接入过程是什么?

用户首先需要通过主动或者被动扫描发现周围的 WLAN 无线服务,再通过认证和关联两个过程后,才能和 AP 建立连接,最终接入无线局域网。如图 2-80 所示为 WLAN 用户接入过程。

图 2-80 WLAN 用户接入过程

（二）技术

156. WLAN 采用了哪些核心技术？

WLAN 的核心技术包括：

（1）OFDM 技术。正交频分复用（OFDM）技术是一种多载波发射技术。它将可用频谱划分为许多正交子载波，每个子载波都使用低速率数据流进行调制。它将高速数据信息分为几个交替、并行的比特流，分别调制到多个分离的正交子载频上，从而将信道频谱分到几个独立的子信道上，在 AP 与无线网卡之间进行传送。新一代 WLAN 技术标准均采用了 OFDM 技术，OFDM 具有很高的频谱利用率以及良好的抗多径干扰的性能，它不仅增加了系统容量，更能满足多媒体通信的要求。如图 2-81 所示为 OFDM 频域波形。

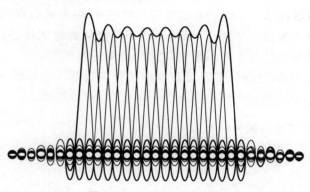

图 2-81　OFDM 频域波形

（2）MIMO 技术。多入多出（MIMO）技术是无线通信领域智能天线技术的重大突破。MIMO 技术能在不增加带宽的情况下成倍地提高系统的容量和频谱利用率。在室内，电磁环境较为复杂，多径效应、频率选择性衰落和其他干扰的存在使得实现无线信道的高速数据传输变得十分困难。多径效应会带来衰落，常被视为有害因素，但是对于 MIMO 系统可以将其作为有利因素加以利用。MIMO 系统在收发两端均采用多天线和多通道，将传输的信息流经过空时编码分成若干信息子流，分别通过

不同的天线发射出去，若各发射、接收天线间的通道响应独立，则 MIMO
可以创造多个并行空间信道独立地传输信息，成倍地提高数据速率。如
图 2-82 所示为 MIMO 系统原理图。

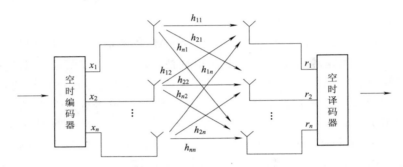

图 2-82　MIMO 系统原理图

（3）WDS 技术。无线分布式系统（WDS）可用来做数据回传或扩展
无线信号覆盖范围。WDS 可以让无线 AP 之间通过无线进行中继（桥
接），而在中继的过程中并不影响其无线设备的覆盖效果。当需要 WDS
来扩展信号覆盖范围时，需要设备本身支持该功能。例如当用户拥有两
台无线 AP，就必须保证两台中至少一台支持 WDS 功能。

157. WLAN 网络结构是什么？

WLAN 最常见的网络结构是基于 AP 的网络结构，如图 2-83 所示，
所有工作站都直接与 AP 无线连接，由 AP 承担无线通信的管理及与有
线网络连接的工作，是理想的低功耗工作方式。这种网络结构可以通过
放置多个 AP 来扩展无线覆盖范围，并允许便携机在不同 AP 之间漫游。
目前实际应用的 WLAN 建网方案中一般采用这种结构，考虑到安全因
素，AP 必须和交换机各端口进行两层隔离。交换机采用 IEEE 802.1Q
标准的 VLAN 方式。WLAN 对接入交换机每一端口的 AP 都必须分配
一个网内唯一的 WLAN ID。WLAN 还有一种网络结构是基于 P2P
（Peer-to-Peer）的网络结构，用于连接 PC 或 POCKET PC，允许各台计算
机在无线网络所覆盖的范围内移动并自动建立点到点的连接。

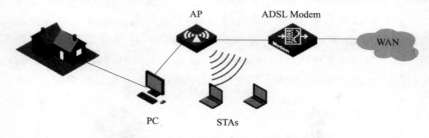

图 2-83　基于 AP 的 WLAN 网络结构

158. WLAN 拓扑结构是什么？

WLAN 有两种主要的拓扑结构，即自组织网络（也就是对等网络，即人们常称的 Ad-Hoc 网络）和基础结构网络（Infrastructure Network）。

如图 2-84 所示，自组织型 WLAN 是一种对等模型的网络，它的建立是为了满足暂时需求的服务。自组织网络是由一组有无线接口卡的无线终端，特别是移动电脑组成。这些无线终端以相同的工作组名、扩展服务集标识号（ESSID）和密码等对等的方式相互直连，在 WLAN 的覆盖范围之内，进行点对点或点对多点之间的通信。组建自组织网络不需要增添任何网络基础设施，仅需要移动节点及配置一种普通的协议。在这种拓扑结构中，不需要有中央控制器的协调。因此，自组织网络使用非集中式的 MAC 协议，例如 CSMA/CA。但由于该协议所有节点具有相同的功能性，因此实施复杂并且造价昂贵。自组织 WLAN 另一个重要方面在于它不能采用全连接的拓扑结构。原因是对于两个移动节点而言，某一个节点可能会暂时处于另一个节点传输范围以外，它接收不到另一个节点的传输信号，因此无法在这两个节点之间直接建立通信。

如图 2-85 所示，基础结构型 WLAN 利用了高速的有线或无线骨干传输网络。在这种拓扑结构中，移动节点在基站（BS）的协调下接入到无线信道。基站的另一个作用是将移动节点与现有的有线网络连接起来。当基站执行这项任务时，它被称为接入点（AP）。基础结构网络虽然也会使用非集中式 MAC 协议，如基于竞争的 802.11 协议可以用于基础结构的拓扑结构中，但大多数基础结构网络都使用集中式 MAC 协议，如轮询机制。由于大多数的协议过程都由接入点执行,移动节点只需要执行一小部分的功能,所以其复杂性大大降低。在基础结构网路中,存在许多基站及基站覆盖范围下的移动节点形成的蜂窝小区。基站在小区内可以实现全网覆盖。在目前的实际应用中,大部分无线 WLAN 都是基于基础结构网络。

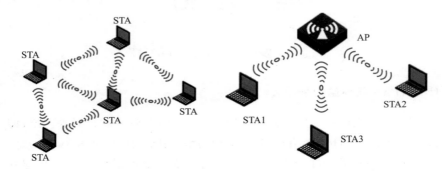

图 2-84　WLAN 自组织网络结构　　　　图 2-85　WLAN 基础网络结构

除以上两种应用比较广泛的拓扑结构之外,还有另外一种正处于理论研究阶段的拓扑结构,即完全分布式网络拓扑结构,如图 2-86 所示。这种结构要求相关节点在数据传输过程中完成一定的功能,类似于分组无线网的概念。对每一节点而言,它可能只知道网络的部分拓扑结构(也可通过安装专门软件获取全部拓扑知识),但可与邻近节点按某种方式共享对拓扑结构的认识,来完成分布路由算法,即路由网络上的每一节点要互相协助,以便将数据传送至目的节点。分布式结构抗损性能好,移动能力强,可形成多跳网,适合较低速率的中小型网络。对于用户节点而言,它的复杂性和成本较其他拓扑结构高,并存在多径干扰和"远—近"效应。同时,随着网络规模的扩大,其性能指标下降较快。分布式 WLAN 将在军事领域中具有很好的应用前景。

159. WLAN 组网方式有哪些?

根据无线接入点 AP 的不同功用,WLAN 的组网方式有以下 5 种:

(1)点对点(Peer-to-Peer)模式由无线站点组成,用于一台无线站点和另一台或多台其他无线站点的直接通信,该网络无法接入到有线网络

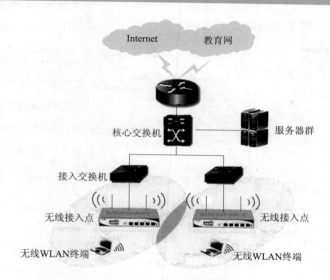

图 2-86 完全分布式网络拓扑结构

中,只能独立使用。无需 AP,安全由客户端自行维护。

(2)基础架构(Infrastructure)模式由 AP、无线站点以及分布式系统(DS)构成。AP 用于在站点和有线网络之间接收、缓存和转发数据,所有的无线通信都经过 AP 完成。AP 可以连接到有线网络,实现有线网络和无线网络的互联。

(3)多 AP 模式是指由多个 AP 以及连接它们的分布式系统(DS)组成的基础架构模式网络,也称为扩展服务集(ESS)。

(4)无线网桥模式利用一对 AP 连接两个有线或者 WLAN 网段。

(5)无线中继器模式用来在通信路径的中间转发数据,从而延伸系统的覆盖范围。

(三)设备与系统

160. WLAN 系统由什么组成?

如图 2-87 所示,WLAN 系统主要由 WLAN 终端设备(WLAN 网卡)、WLAN 接入点设备(AP)、接入点控制设备(AC)、Portal 服务器、

Radius 认证服务器等设备组成。

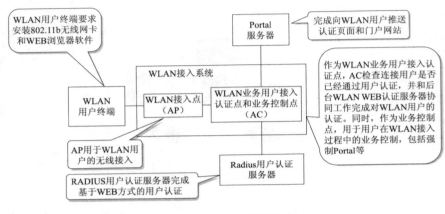

图 2-87 WLAN 系统组成

161. AP 的功能有哪些?

AP(接入点)是 WLAN 网络的小型无线基站设备,实现无线接入。AP 是一种网络桥接器,是连接有线网络和无线局域网络的桥梁,任何 WLAN 终端设备均可通过相应的 AP 接入外部的网络资源。根据应用场景的不同,AP 通常可以分为室内型和室外型设备。在数据通信方面,AP 负责完成与 WLAN 终端设备之间数据包的加密和解密。当用户在 AP 无缝覆盖的区域移动时,WLAN 终端设备可以在不同的 AP 之间切换,保证数据通信不中断。在安全控制方面,AP 可以通过网络标识来控制用户接入。

162. 如何利用 AP 实现组网?

(1)针对热点室内覆盖,可采用共用室内分布系统、直接布放 AP、室外覆盖室内等多种方式建设 WLAN 网络。如图 2-88 为 AP 与室内分布天线合路图。针对不同场景,可以根据实际情况选择建设方式。对于已有室内分布系统的热点,原则上考虑共用模式,以实现 WLAN 信号的低成本快速覆盖。

（2）AP 的位置设置应根据实际的场景、无线环境、用户需求及数据传输速率等要求进行统一规划，遵循"覆盖为主"的原则，WLAN 网络容量后期按需扩容。

（3）单个 AP 覆盖半径通常考虑在 12 m 左右。一般每个 AP 设备可同时接入 15 个用户。

（4）WLAN 网络频率规划应避免信道间相互干扰。

（5）热点如需实现多业务接入时，可以通过在 AP 上部署多 SSID 的方式实现，不同的 SSID 在 AP 上映射为不同 VLAN，区分不同业务。用户通过接入不同的 SSID 完成多业务的实现。

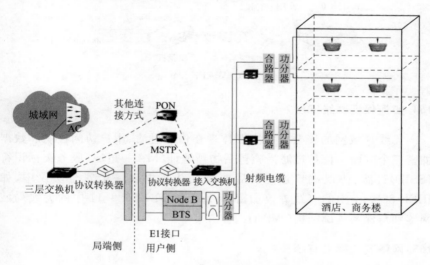

图 2-88　AP 与室内分布天线合路

（四）网络安全

163. WAPI 是什么？其优势有哪些？

WAPI（Wireless LAN Authentication and Privacy Infrastructure）即无线局域网鉴别和保密基础结构，是一种安全协议，同时也是中国无线局域网安全强制性标准，如图 2-89 为其示意图。它是针对 IEEE802.11 中 WEP

协议安全问题,在中国无线局域网国家标准 GB15629.11 中提出的 WLAN 安全解决方案。它的主要特点是采用基于公钥密码体系的证书机制,真正实现了客户端(无线网卡)与无线接入点(AP)间的双向鉴别。2006 年 3 月 7 日,WAPI 产业联盟成立大会在北京召开,WAPI 产业联盟正式成立。

图 2-89　WAPI 示意图

164. 如何保证网络安全？

无线局域网的安全措施主要体现在信息过滤、用户访问控制和数据加密三个方面。信息过滤措施包括物理地址(MAC)过滤、服务集标识符(SSID)过滤、协议端口过滤。后两者往往集中在一个安全协议中,如 IEEE 802.11 中的有线等效加密(WEP)和 GB 15629.11 中的无线局域网鉴别与保密基础结构(WPAI)。

165. 网络安全标准有哪些？

主要有三种:

(1)WEP(Wired Equivalent privacy)是 802.11b 采用的安全标准,用于提供一种安全机制,保护数据链路层的安全,使无线网络 WLAN 的数据传输安全达到有线 LAN 网络相同的级别。

(2)WPA(Wi-Fi Protected Access)是保护 Wi-Fi 安全登录的装置,分为 WPA 和 WPA2 两个版本,是 WEP 的升级版本,针对 WEP 的几个缺点进行了弥补。在 802.11i 没有完善之前,是 802.11i 的临时替代版本。

(3)WAPI(Wireless Authentication and Privacy Infrastructure)是

我国自主研发并大力推行的无线网络安全标准。它通过了 IEEE 的认证和授权，是一种认证和私密性保护协议，其作用类似于 802.11b 中的 WEP 协议，但是能提供更加完善的安全保护。WAPI 采用非对称和对称相结合的方式提供完全保护，实现了设备的身份鉴别、链路验证、访问控制和用户信息在无线传输状态下的加密保护。

(五)规划与设计

166. 2.4 GHz 与 5 GHz 频段 WLAN 网络的通信距离有什么差别？

在理想的自由空间环境中，电磁波在空中传输的损耗与频率平方成正比，同时与距离的平方成正比。5 GHz 频段比 2.4 GHz 频段高一倍左右，因此，理论上在相同发射功率下，覆盖范围是 2.4 GHz 的一半左右。但在实际工作环境中，电磁波传播往往不完全符合自由空间传播模型，其信号衰减随距离的 2.5～3.5 次方成正比，因此使用 5 GHz 频段的 IEEE802.11a 标准覆盖半径大约是使用 2.4 GHz 频段 IEEE802.11g 标准的 70%～80%。

167. WLAN 无线覆盖信号强度要求有哪些？

采用 IEEE 802.11g 标准的设备时，在设计目标覆盖区域内 95% 以上位置，WLAN 覆盖接收信号强度应大于或等于－75 dBm。在采用 IEEE 802.11n 标准的设备时，条件允许的情况下，建议边缘覆盖场强大于或等于－70 dBm。

168. WLAN 无线覆盖信号信噪比要求有哪些？

在设计目标覆盖区域内 95% 以上位置，接收到的信噪比(Signal to Noise Ratio，SNR)应大于 20 dB。在具备条件的区域，应保证接收到的信噪比大于 25 dB。

169. WLAN 工作的频段、频点及传输带宽是什么？

IEEE802.11b/g 标准定义 WLAN 系统工作频段 2.4～2.483 5 GHz系

统带宽为 83.5 MHz。每个子频道带宽为 20/22 MHz,但互不干扰的子频段只有 3 个,分别为 1、6、11。802.11a 工作在 5.725~5.850 GHz频段,工作在 125 MHz 带宽,每个信道 20 Hz 带宽,共 26 个信道号,可用的有 5 个,一般选择 149、153、157、161、165 五个互不干扰的点。WLAN 使用的 2.4 G 是一个公共频段,不同的运营商、用户自己的设备、共用设备(微波炉,蓝牙)都会给网络带来严重的干扰。

170. 如何规划 WLAN 的覆盖?

在整体规划设计无线局域网时,需要遵循的原则有:实用性、安全性、可管理性、可靠性、可扩展性、标准化、技术先进性和高性能。WLAN 的无线网络规划流程可以分为以下几个步骤:初步勘察及干扰分析、覆盖规划、容量规划、频率规划、实地测试与调整优化。如图 2-90 所示为无线网络规划流程图。

图 2-90　无线网络规划流程

171. WLAN 网络共有几种常用的覆盖方式? 分别适用于哪些场景?

根据 WLAN 用户数量与特征、覆盖范围、容量需求及目标区域的无线传播环境等不同的环境,WLAN 网络采用不同的方案,常用的覆盖方式及其适用场景包括:(1)室内蜂窝网分布系统合路,适用于室内覆盖面积较大,已有或未来需要建设分布系统的场景,如宿舍楼、教学楼等。(2)室内独立放装,适用于覆盖区域面积比较小,室内放置 AP 即可覆盖整个区域,如会议室,咖啡厅等。(3)室外蜂窝网分布系统合路,适用于室外已有或未来需建设室外分布系统的场景,如工业科技园区等。(4)室外型 AP+天线,适用于用户较为分散、无线环境简单的区域,如公园等。(5)AP 共用室外基础设施布放,适用于位于基站附近的用户较为分散、无线环境简单的区域,如公园、居民区等。(6)Mesh 组网,适用于一定范围的室外封闭园区的连续覆盖,如校园、大型工业园区等。

172. WLAN 覆盖范围与传输速率有什么关系?

IEEE802.11 标准的实际传输速率与 AP 覆盖范围是紧密联系的,IEEE802.11b、IEEE802.11g 和 IEEE802.11a 标准下单个 AP 的覆盖范围与传输速率的关系分别见表 2-5、表 2-6、表 2-7。

表 2-5　IEEE 802.11b 中 AP 覆盖范围与传输速率的关系

传输速率(Mbit/s)	11	5.5	2	1
接收机灵敏度(dBm)	−79	−83	−84	−87
室外覆盖范围(m)	250	277	287	290
室内覆盖范围(m)	111	130	136	140
规划使用值(m)	37	43	45	46

表 2-6　IEEE 802.11g 中 AP 覆盖范围与传输速率的关系

传输速率(Mbit/s)	54	48	36	24	18	12	9	6
接收机灵敏度(dBm)	−65	−66	−70	−74	−77	−79	−81	−82
室外覆盖范围(m)	37	107	168	198	229	244	267	274
室内覆盖范围(m)	32	55	79	87	100	108	116	125
规划使用值(m)	11	18	27	29	34	36	39	42

表 2-7　IEEE 802.11a 中 AP 覆盖范围与传输速率的关系

传输速率(Mbit/s)	54	48	36	24	18	12	9	6
接收机灵敏度(dBm)	−72	−73	−78	−81	−84	−85	−87	−89
室外覆盖范围(m)	30	91	130	152	168	183	190	198
室内覆盖范围(m)	26	46	64	70	79	85	94	100
规划使用值(m)	9	15	22	24	27	29	32	34

173. IEEE 802.11 各标准的最大吞吐量是多少？

IEEE 802.11b 的标称速率最高可达 11 Mbit/s，IEEE 802.11a/g 的标称速率最高可达 54 Mbit/s，IEEE 802.11n 的标称速率最高可达 600 Mbit/s。各标准实际传输速率均远低于标称值，一般来说 IEEE 802.11b 的实际速率为 5 Mbit/s，IEEE 802.11a/g 的实际速率为 25 Mbit/s，IEEE 802.11n 的实际速率为 100 Mbit/s。其主要制约因素在于 IEEE 802.11 的物理层和 MAC 层特点。

174. WLAN 室外覆盖原则有哪些？

覆盖原则包括：

(1)在 WLAN 室外覆盖规划时，首先考虑到的是 AP 与无线终端间信号的交互，保证用户可有效地接入网络。

(2)在进行天线选择时，需尽量考虑到信号分布的均匀，对于重点区域和信号碰撞点，需要考虑调整天线方位角和下倾角。

(3)天线安装的位置应确保天线主波束方向正对覆盖目标区域，保证良好的覆盖效果。

(4)相同频点的 AP 的覆盖方向尽可能错开，避免同频干扰。

(5)对小区覆盖而言，从室外透过封闭的混凝土墙后的无线信号强度已不能保证室内用户使用 WLAN 业务，因而只能考虑利用从门、窗入射的信号。

(6)被覆盖的区域应该尽可能靠近 AP 的天线，二者尽可能直视。

175. 什么是室外型 AP＋定向天线覆盖方式？

室外型 AP＋定向天线覆盖方式中 AP 主要采用 2.4 GHz 室外型大功率 AP，若 AP 安放在室内也可采用室内型 AP，定向天线主要采用高增益板状天线。AP 或定向天线一般安装在目标覆盖区域附近的较高位置，如灯杆和建筑物上端等，向下覆盖目标区域或室内。该方案部署简单，成本较低，但系统容量较小，一般以信号覆盖为主；通过室外覆盖室内时，室内深度覆盖难度大；业主协调工作量较大。适用于用户较为分散、无线环境简单的区域，如公园等。如图 2-91 为室外 AP 覆盖示意图。

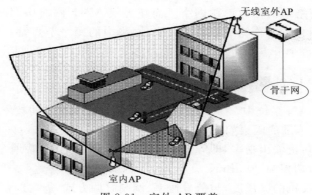

图 2-91　室外 AP 覆盖

176. 什么是 Mesh 型网络覆盖方式？

对于室外较大面积（如校园、公园等）的 WLAN 覆盖可以采用 Mesh 型网络覆盖。Mesh 型网络采用网状网结构，如图 2-92 所示，由包括一组呈网状分布的无线 AP 构成，AP 均采用点对点方式，通过无线中继链路互联，将传统 WLAN 中的无线"热点"扩展成为真正大面积覆盖的无线"热区"，并将数据回传至有线 IP 骨干网。

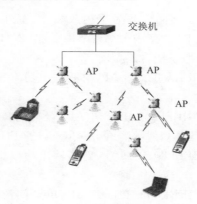

图 2-92　Mesh 型网络覆盖

在传统的 WLAN 中，每个客户端均通过一条与 AP 相连的无线链路来访问网络，用户如果要进行相互通信的话，必须首先访问一个固定的

AP,这种网络结构称为单跳网络。而在无线 Mesh 网络中,任何无线设备节点都可以同时作为 AP 和路由器,网络中的每个节点都可以发送和接收信号,每个节点都可以与一个或者多个对等节点直接通信。

177. 影响 WLAN 覆盖范围的因素有哪些?

在 WLAN 系统中,AP 的覆盖范围是一个非常重要的技术指标。影响 AP 覆盖范围的因素如下:

(1)发射机输出功率,即等效全向辐射功率,在中国,普通室内型 AP 的最大发射功率为 20 dBm。

(2)接收机的灵敏度,与信号速率、调制解调方式、需要的信噪比和误码情况等因素相关。

(3)天线特性,天线的增益、方向线和极化等参数对通信距离的影响很大。

(4)工作环境,周围无线环境的物理特性影响路径损耗,从而影响通信距离。

(5)工作频率,无线电工作的频率影响信号覆盖范围,一般来说电磁波在空中的传输损耗与频率的平方成正比。

178. 各种类型 AP 的发射功率为多大?

AP 根据部署场景不同可分为室内放装型、室外型及室内分布系统合路型 3 类。如图 2-93 为室内型 AP 结构图,图 2-94 为室外型 AP 场景图,图 2-95 为室内分布系统合路型图。

(1)室内放装型 IEEE802.11gAP,射频输出功率小于或等于 100 mW(20 dBm)。

(2)室内放装型 IEEE802.11n 瘦 AP(双空间流,支持 2.4 GHz 和 5.8 GHz双频段同时工作),射频输出功率小于或等于 100 mW(20 dBm)。

(3)室分合路型 IEEE802.11gAP,射频输出功率小于或等于 500 mW(27 dBm)。

(4)室分合路型 IEEE802.11n 瘦 AP(单空间流,支持 2.4 GHz 频段),AP 设备输出功率小于或等于 500 mW(27 dBm)。

(5)室外型 IEEE802.11gAP,AP 设备射频输出功率小于或等于 500 mW(27 dBm)。

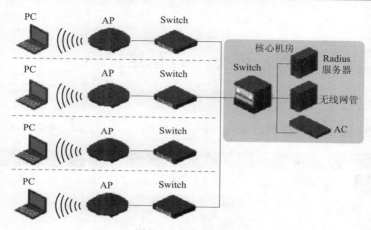

图 2-93　室内型 AP

图 2-94　室外型 AP

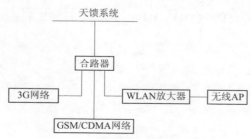

图 2-95　室内分布系统合路型

第三部分　运营维护篇

179. 中国移动蜂窝网演进路线是什么?

中国移动蜂窝网演进路线如图 3-1 所示。

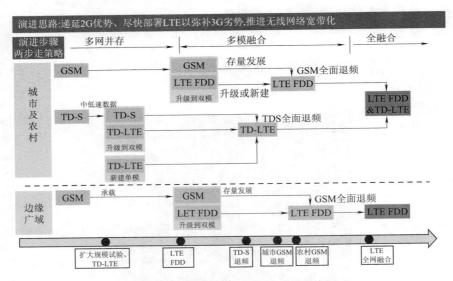

图 3-1　中国移动蜂窝网演进路线示意图

180. 中国移动 GSM、TD-SCDMA、WLAN 和 LTE 网络发展总体定位是什么?

GSM、TD-SCDMA、WLAN 和 LTE 网络具备不同的覆盖能力和业务承载能力,在中国移动未来网络发展中将长期共存、互为补充。

GSM 网络是中国移动赖以生存的盈利基础,将长期运营,主要承载话音、短信业务等基础业务。TD-SCDMA 网络是向 TD-LTE 平滑演进的网络基础。它将主要承载手机终端的移动数据业务,并同时承载部分话音业务。WLAN 网络是中国移动蜂窝网的重要补充,也是中国移动进入宽带市场的有效手段，将主要承载 PC、手机及第三方 WLAN 终端的互联网数据业务。TD-LTE 是中国移动的未来，要坚持 TDD/FDD 融合的发展方向，将主要承载高速数据业务，并具备承载话音业务功能。

181. 基于 WLAN 技术承载铁通固定宽带业务的应用场景和业务特征是什么？

WLAN 作为无线接入技术，可作为有线网络的有效延伸，扩展固定宽带业务的服务范围，提升用户使用的便利性。典型的应用场景为城市住宅小区、农村等（不限于此场景），以 WLAN 网络为载体，承载数据业务，提供综合通信业务。

主要业务特征是以 WLAN 网络为载体发展固定宽带业务，为用户提供宽带访问。

182. 基于 WLAN 技术承载铁通固定宽带业务有哪几种组网方式？

根据 AC 与 AP 归属于移动或铁通，WLAN 接入可分为铁通自建 AP、共享 AC，铁通共享 AP 和 AC 和铁通独立建设 AP 和 AC 三种组网方式。各省分公司可根据当地实际情况，充分考虑投入产出效益，选用合适的方式开展 WLAN 宽带业务。

183. 铁通自建 AP、共享 AC 的适用场景和业务方案是什么？

在本方式中，铁通在业务发展区域自建 AP 并共享移动 AC，开展固定宽带业务，其中铁通 AP 到移动 AC 或移动交换机间需要具备传输连接。该方式主要适用于铁通业务发展目标区域为移动现有 WLAN AP 未覆盖区域。

应用该方式时，需注意在当前 AC-AP 设备不支持接口开放的情况下，新建的 AP 需要与共享的移动 AC 使用同厂家的设备。

业务开展时，需要移动 AC 配合完成对铁通 AP 的配置管理，为铁通宽带用户单独配置 SSID，并对该 SSID 配置单独的 VLAN，以便于 AC 区分该 SSID 用户后续数据与认证流量的转发方向。

认证与数据业务流的转发由认证控制点的设置决定。铁通现有认证控制点在 BRAS 设备上,而移动的认证控制点在 AC 设备。

184. 铁通共享 AP 和 AC 的适用场景和业务方案是什么?

在本方式中,铁通完全共享移动现有 AC、AP 设备,开展固定宽带业务,主要适用于铁通业务发展区域为移动现有 WLAN AP 已覆盖区域。

此方式与铁通自建 AP 方式类似:移动 AC 完成对 AP 的配置管理,需为铁通宽带用户单独配置 SSID,并配置单独的 VLAN,以便于 AC 区分后续的数据与认证流的转发方向。主要区别在于所使用 AP 为移动已建 AP,通过增加 AP 上的铁通专用 SSID 等配置开展业务。

185. 铁通独立建设 AP 和 AC 的适用场景和业务方案是什么?

本方式针对铁通业务发展区域与移动现有热点 AP 覆盖区域不重合且无法与当地移动共享 AC 的情况下,铁通可独立建设 AP 和 AC。

在本方式中,移动与铁通 WLAN 网络各自独立。考虑铁通现有 BRAS 定位,建议铁通自有 AC 负责对 AP 配置管理,由 BRAS 负责用户管理、用户认证和数据转发。

186. 移动通信基站的主要类型和应用场合有哪些?

移动通信基站主要包括宏基站、室分基站、直放站以及应急通信基站等类型。宏基站主要用于室外大范围覆盖(广场、街道、景区、铁路沿线、高速公路、乡村等);室分基站主要用于室内小范围覆盖,用来弥补宏基站的覆盖盲区(写字楼内部、地下停车场、电梯、商场、地铁、隧道等);直放站主要用于无线信号的接力传递(偏远地区及小范围的通信弱区、盲区);应急通信基站主要用于特殊时间、地点的临时覆盖(春运期间的火车站、有商业活动时的体育场馆、发生自然灾害的个别地点、重要站点发生故障时的临时保障等)。

187. 中国移动 GSM 主要基站设备厂家有哪些?

中国移动 GSM 基站主要使用爱立信、诺西、阿朗、华为和中兴的设备。

188. 中国移动 TD-SCDMA 主要基站设备厂家有哪些？

中国移动 TD-SCDMA 基站主要使用华为、中兴、大唐和新邮通的设备。

189. 无线网络优化的目的和主要内容是什么？

由于无线通信的特点，无线环境、用户分布以及用户使用行为是不断变化的，因此，网络优化工作是一个非常重要的技术环节，无论是初期建设阶段，还是稳定的运营阶段，都离不开网络优化工程。

网络优化有两个目的：从运营商效益方面考虑，在现有网络资源下，合理配置资源，提高设备利用率以及优化网络运行质量；从用户满意度方面考虑，满足用户对于服务质量的要求，通过优化改善接通率、掉话率等直接影响用户主观感受的关键指标，为用户提供更加可靠、稳定、优质的网络服务。

网络优化就是根据系统的实际表现、实际性能，对系统进行分析，在分析的基础上通过对系统参数的调整，使系统性能得到逐步改善，达到现有的系统配置下提供最优的服务质量。

190. 基站例行维护项目有哪些？

主要包括主设备例行维护、机房环境及配套设备例行维护以及天馈系统例行维护。

191. 基站主设备例行维护项目有哪些？

主要包括查询并处理遗留告警和故障、单板运行状态检查、主设备线缆检查、机架内部及外部接地检查、传输设备运行检查以及清洁机柜等。

192. 基站机房环境及配套设备例行维护项目有哪些？

主要包括机房环境及安全检查、环境监控系统检查、蓄电池维护、开关电源维护以及空调维护等。

193.基站天馈系统例行维护项目有哪些?

主要包括检查铁塔、检查抱杆、检查设备天线以及检查馈线等。

194.直放站例行维护工作内容有哪些?

主要有:

(1)对站点主机进行巡检,检查主机外观是否完好、安装是否牢靠、金属部件是否氧化生锈等,初步了解主机的损坏情况。如有损坏情况,应立即进行维修或更换;如完好无损,则进入下一步测试。

(2)进行主机增益、驻波比、输出功率的测试,如此三项指标不满足技术规范要求,应立即进行维修或更换;相反则进入下一步测试。

(3)全面性能的测试。按主机使用的年限或批次,每类抽选一定的数量,进行下网测试。让专业检测单位对抽选出来的主机进行全面的测试,了解主机指标变化情况。

北京交通大学"信息与通信工程"专业简介

　　我校"信息与通信工程"专业历史悠久,其起源可追溯到 1910 年铁路管理传习所开设的邮电班。在黄宏嘉、梁晋才、简水生院士和杜锡钰、袁保宗、李承恕、张林昌等著名教授的带领下,学科建设取得了长足发展。1981 年该学科为首批博士学位授权点,1987 年"通信与信息系统"和"信号与信息处理"学科都成为首批国家重点学科;1993 年,"信息与通信工程"获首批一级学科博士学位授予权。

　　本学科拥有院士、973 首席、杰青、名师等带头人和教育部的创新团队,近五年来,建立了"下一代互联网互联设备国家工程实验室"、"轨道交通控制与安全国家重点实验室"、"电磁兼容国家认证认可实验室"等科研平台,与国外著名学者合作,建立了信息科学与技术创新引智基地(111 计划)。承担了国家"973"、"863"、国家自然科学基金重点、国家科技重大专项、国家科技支撑计划等 150 余项重要课题,科研总经费超过 3.3 亿元。

　　本学科拥有国家级教学团队、国家级教学基地、国家级实验教学示范中心、国家级特色专业;获国家级教学成果奖 2 项,国家级精品课程 6 门;获全国百篇优秀博士论文 1 篇、全国百篇优秀博士论文提名奖 3 篇和中国计算机学会优秀博士论文 1 篇。近五年来,共培养 4 000 余名高层次人才。

　　围绕国家信息产业和铁路通信重大需求,瞄准国际学术前沿,形成了信息安全光路交换网、未来信息网络与移动互联网、宽带无线移动通信、铁路专用移动通信、图像处理与计算机视觉、语音处理与计算机听觉等独具特色的学科方向,取得了显著研究成果。

　　大芯径无序布拉格单模光纤的发明和制成使大容量海底光通信系统的中继距离提高到 600 km 以上(世界纪录 580 km);国际上超大信息流量、超大规模全光交换节点即将在我校实现;研制成功的基于光纤技术的新一代智能轨道交通控制系统属国内首创。

基于国家"973"项目"一体化可信网络与普适服务体系基础研究",在国际上首次创建全新的一体化标识网络体系架构,结题评价为"优秀",已应用到中兴通讯股份有限公司等多家单位。

为我国铁路专用移动通信网 GSM-R 更新换代决策和建设做出了重要贡献,研究成果评为 2007 年高等学校十大科技进展,为客运专线和重载运输的信息传输提供标准支持和技术保障,研究成果获 2008 年国家科技进步一等奖。

提出了基于天线理论的有限大物体发射率和漏缆辐射场混合计算方法,分别应用于微波黑体和漏缆设计。

提出了频率域、基于任意形状区域分割和信息隐藏等的高效鲁棒的图像编码方法,所完成的"结合视觉特性的图像视频编码"的研究获北京市科学技术一等奖。